纺织服装类职业教育『十四五』部委级规划教材

数字化女装设计

从服装 CAD 到 3D 效果展示

Digital Design for Women's Wear

主编◎贺小红 黄思云 程静

副主编◎韩思琪 文观秀

陈满红 曾四英 廖灿 陈娜

东华大学出版社·上海

图书在版编目（CIP）数据

数字化女装设计：从服装CAD到3D效果展示 / 贺小
红，黄思云，程静主编；韩思琪，文观秀，陈满红副主
编. -- 上海：东华大学出版社，2025.1. -- ISBN 978-
7-5669-2450-6

Ⅰ. TS941.717-39

中国国家版本馆CIP数据核字第20249CZ087号

责任编辑　谢　未

版式设计　赵　燕

封面设计　Ivy

数 字 化 女 装 设 计
SHUZIHUA NÜZHUANG SHEJI
——从服装CAD到3D效果展示

主　编：贺小红　黄思云　程　静

副主编：韩思琪　文观秀　陈满红　曾四英　廖　灿　陈　娜

出　版：东华大学出版社

（上海市延安西路1882号　邮政编码：200051）

出版社网址：dhupress.dhu.edu.cn

天猫旗舰店：dhdx.tmall.com

营销中心：021-62193056　62373056　62379558

印　刷：北京启航东方印刷有限公司

开　本：889 mm×1094 mm　1/16

印　张：15.5

字　数：378千字

版　次：2025年1月第1版

印　次：2025年1月第1次印刷

书　号：978-7-5669-2450-6

定　价：69.00元

前言
Preface

　　教育兴则国家兴，教育强则国家强。党的二十大报告明确指出："推进教育数字化，建设全民终身学习的学习型社会、学习型大国。"在这一背景下，推进教育数字化，通过数字技术赋能教育，不仅能够助力各级各类教育的高质量发展，还将加速我国教育强国建设的步伐。

　　纺织服装行业的数字化转型正是这一指导思想的有力体现。全要素、全产业链、全价值链的深度连接，构成了纺织服装行业数字化发展的核心动力。数字化技术为设计、生产和销售等环节提供了高效、精细的解决方案，使得每一个环节都更加智能化和精简化。未来，数字化转型能力将成为推动中国纺织服装业创新发展的关键因素之一。

　　本教材立足新时代背景，紧扣行业发展需求，旨在培养服装行业高素质的技术技能人才。教材基于数字化思维，按照循序渐进的教学原则，设计了九个模块共二十个项目内容，涵盖了从服装CAD到3D效果展示的全流程操作。模块一介绍了数字化CAD软件和Style3D软件的基础操作及数字化面料处理方法；模块二至模块九详细讲解了如何使用Photoshop软件、富怡CAD软件（V10版本）以及Style3D软件（7.0版本）完成风格各异的服装效果图、纸样绘制和3D效果展示三个主要任务。

　　教材特别强调了如何在"日本第八代原型"的基础上通过富怡CAD软件进行多样化服装纸样的绘制，并结合Style3D软件进行不同风格服装的面料处理和虚拟展示。这样的编写方式，将传统的制版课程与现代3D服装设计课程相结合，使学生在学习过程中能够更加直观地理解纸样设计的实际效果。同时，借助3D软件的实时调整和修改功能，学生不仅能加深对课程内容的理解，还能形成一体化、系统性和协同性的知识结构。

　　在教材编写过程中，我们得到了众多兄弟院校和行业同仁的大力支持与帮助，在此深表感谢。然而，由于编者水平有限，书中难免存在疏漏与不足之处，恳请同行专家和广大读者批评指正。

编者谨上

目 录
Contents

目录
Contents

目录
contents

服装CAD软件、Style3D软件介绍

项目一　服装CAD软件介绍

　　富怡服装CAD软件是用于服装、内衣、鞋帽、箱包、沙发、帐篷等行业的专用出版、放码及排版的软件。该软件功能强大、操作简单，好学易用，不仅能提升设计师工作效率和产品质量，更是现代服装企业必不可少的工具。软件更新速度快，本书的工具和实例以Richpeace CAD(院校版)V10.0作为支撑。

任务1：软件安装

　　访问www.richpeace.cn网站，进入CAD软件中心，根据需要选择服装CAD软件版本进行下载，并可通过网站查看使用说明书及视频教程。

任务2：软件界面介绍

　　系统界面介绍如图1-1-1所示。

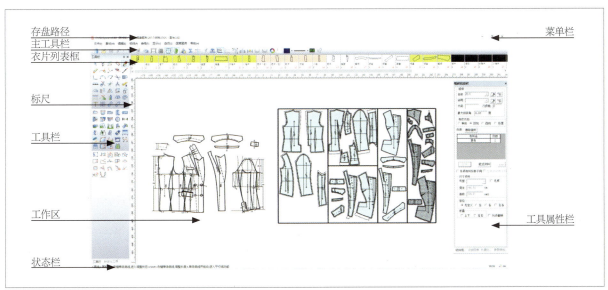

图1-1-1

1.**存盘路径**：显示当前打开文件的存盘路径。
2.**菜单栏**：该区是放置菜单命令的地方，且每个菜单的下拉菜单中有各种命令。
3.**主工具栏**：用于放置常用命令的快捷图标。
4.**衣片列表框**：用于放置当前款式中的纸样。
5.**标尺**：显示当前使用的度量单位。
6.**工具栏**：该栏放置绘制及修改结构线、纸样，放码的工具。
7.**工具属性栏**：选中每个工具，侧边会相应显示该工具的属性栏，使得一个工具能够满足更加多的功能需求，减少切换工具。
8.**工作区**：工作区中既可设计结构线，也可以对纸样放码，设计师绘图时可以显示纸张边界。
9.**状态栏**：状态栏位于系统的最底部，它显示当前选中的工具名称及操作提示。

任务3：服装CAD部分常用功能

一、鼠标使用要点

1. **单击左键**：按下鼠标的左键并且在还没有移动鼠标的情况下放开左键。

2. **单击右键**：按下鼠标的右键并且在还没有移动鼠标的情况下放开右键。还表示某一命令的操作结束。

3. **双击右键**：在同一位置快速按下鼠标右键两次。

4. **左键拖拉**：把鼠标移到点、线图元上后，按下鼠标的左键并且保持按下状态移动鼠标。

5. **右键拖拉**：把鼠标移到点、线图元上后，按下鼠标的右键并且保持按下状态移动鼠标。

6. **左键框选**：在没有把鼠标移到点、线图元上前，按下鼠标的左键并且保持按下状态移动鼠标。

7. **右键框选**：在没有把鼠标移到点、线图元上前，按下鼠标的右键并且保持按下状态移动鼠标。

8. **点(按)**：表示鼠标指针指向一个想要选择的对象，然后快速按下并释放鼠标左键。

9. **单击**：没有特意说用右键时，都是指左键。

10. **框选**：没有特意说用右键时，都是指左键。

11. **F1–F12**：键盘上方的12个按键。

12. **Ctrl+Z**：先按住Ctrl键不松开，再按Z键。

13. **Ctrl+F12**：先按住Ctrl键不松开，再按F12键。

14. **Esc键**：键盘左上角的Esc键。

15. **Delete键**：键盘上的 Delete键。

16. **箭头键**：键盘右下方的四个方向键(上、下、左、右)。

二、常用工具简介

1. 主工具栏

图标	名称／快捷键	功能	操作要点
	新建 Ctrl+N	新建一个空白文档。	（1）单击该图标或按 Ctrl+N，新建一个空白文档； （2）如果工作区内有未保存的文件，则会弹出对话框，选择好路径输入文件名，保存文件（如已保存过则按原路径保存）。
	打开 Ctrl+O	用于打开储存的文件。	单击该图标或按 Ctrl+O，弹出对话框，选择适合的文件类型，按照路径选择文件即可打开。
	保存 Ctrl+S	用于储存文件。	（1）单击该图标或按 Ctrl+S，第一次保存时会弹出对话框，指定路径后，输入文件名进行保存； （2）再次保存该文件，则单击该图标或按 Ctrl+S 即可，文件将按原路径、原文件名保存。
	撤消 Ctrl+Z	用于按顺序取消做过的操作指令。	（1）单击该图标或按 Ctrl+Z； （2）点击工具下小三角，再点击记录的操作步骤，可返回到相应的操作位置。
	重新执行 Ctrl+Y	把撤消的操作再恢复。	（1）单击该图标或按 Ctrl+Y； （2）点击工具下小三角，再点击记录的操作步骤，可返回到撤销过的位置。

图标	名称 / 快捷键	功能	操作要点
	绘图	按比例绘制纸样或结构图。	（1）单击该图标，弹出对话框； （2）选择需要的绘图比例及绘图方式； （3）在对话框中设置当前绘图仪型号、纸张大小、预留边缘、工作目录等； （4）单击确定即可。
	规格表	编辑号型尺码、规格尺寸及颜色，以便打版、放码时采用数据。	（1）单击此工具，出现规格表对话框； （2）在号型名上单击，会自动附加行，第一列输入部位名称； （3）在基码（示意图上为 M）上单击，会自动附加码，第一行输入号型名； （4）在各号型名下可输入各部位对应的尺寸，在号型后面的颜色框上可设置各码的显示色。
	显示 / 隐藏结构线	选中时为显示结构线，否则为隐藏结构线。	单击该图标，图标凹陷为显示结构线；再次单击，图标凸起为隐藏结构线。
	显示 / 隐藏纸样	选中时为显示纸样，否则为隐藏纸样。	单击该图标，图标凹陷为显示纸样；再次单击，图标凸起为隐藏纸样。
	仅显示一个纸样	选中时，工作区只有一个纸样以全屏方式显示，即纸样被锁定。否则为同时显示多个纸样。	（1）选中纸样，再单击该图标，图标凹陷，纸样被锁定； （2）单击纸样列表框中其他纸样，即可锁定新纸样； （3）单击该图标，图标凸起，可取消锁定。纸样被锁定后，只能对该纸样进行操作。
	公式法自由法切换	切换成自由法打版或公式法打版。	按下去为公式法打版，弹起来为自由法打版。
	点放码表	对单个点或多个点放码时用的功能表，也可以选择点的属性。	（1）点击表格→规格表，或单击规格表图标，设置各码的型号及颜色； （2）单击图标，弹出点放码表； （3）单击或框选放码点，dx、dy 栏激活； （4）可以在除基码外的任何一个码中输入放码量； （5）再单击（X 相等）、（Y 相等）或（XY 相等）等放码按钮，即可完成该点的放码。
	显示 / 隐藏标注	显示或隐藏标注。	图标在选中状态下会显示标注，没选中即为隐藏。
	显示 / 隐藏变量标注	同时显示或隐藏所有的变量标注。	（1）用比较长度、测量两点间距离工具记录的尺寸； （2）单击图标，选中为显示，没选中为隐藏。
	颜色设置	用于设置纸样列表框、工作视窗和纸样号型的颜色。	（1）单击该图标，弹出对话框，该框中有四个选项卡； （2）单击选中选项卡名称，单击选中修改项，再单击选择一种颜色，按应用即可改变所选项的颜色，可同时设置多个选项，最后确定即可。
2	等份数	用于等分线段。	图标框中的数字输入多少就会把线段分成多少等分。

图标	名称 / 快捷键	功能	操作要点
	线颜色	用于设定或改变结构线的颜色。	（1）设定线颜色：单击线颜色的下拉列表，单击选中合适的颜色，这时用画线工具画出的线为选中的线颜色； （2）改变线的颜色：单击线颜色下拉列表，选中所需颜色，再用设置线的颜色类型工具在线上击右键或右键框选线即可。
	线类型	用于设定或改变结构线类型。	（1）设定线类型：单击线类型的下拉列表，选中线型，这时用画线工具画出的线为选中的线类型； （2）改变已做好的结构线线型或辅助线的线型：单击线类型的下拉列表，选中适合的线类型，再选中设置线的颜色类型工具，在需要修改的线上单击左键或左键框选线。
	曲线显示形状	用于改变线的形状。	选中设置线的颜色类型工具，单击曲线显示形状的下拉列表，选中需要的曲线形状，此时可以设置线型的宽与高，先宽后高，输入宽数据后按回车再输入高的数据，用左键单击需要更改的线即可。
	辅助线的输出类型	设置纸样辅助线输出的类型。	选中设置线的颜色类型工具，单击辅助线的输出类型的下拉列表，选中需要的输出方式，用左键单击需要更改的线即可，设了全刀，辅助线的一端会显示全刀的符号。设了半刀，辅助线的一端会显示半刀的符号。

2. 工具栏

图标	名称 / 快捷键	功能	操作要点
	智能笔 F	多种功能的综合绘图工具。	（1）单击左键：进入画线操作； （2）左键拖拉：进入矩形、等距线、单圆规、双圆规工具； （3）左键框选：进入矩形、连角、靠边、加省山、移动（复制）、转省功能； （4）单击右键：进入修改、曲线调整功能； （5）右键拖拉：进入水平垂直线、偏移点功能； （6）右键框选：进入剪断（连接）线、收省、偏移点等功能； （7）Shift+左键拖拉：进入三角板功能。
	调整工具 A	用于调整曲线的形状，查看线的长度，修改曲线上控制点的个数，曲线点与转折点的转换。	（1）调整单个控制点：用该工具在曲线上单击，线被选中，单击线上的控制点，拖动至满意的位置，左键增加控制点，右建删除控制点； （2）左键框选需要移动的控制点按回车键，在对话框输入数据，这些控制点会一起偏移； （3）查看线的长度：把光标移在线上，即可显示该线的长度。
	橡皮擦 E	用来删除结构图上点、线，纸样上的辅助线、剪口、钻孔、图片、省褶、缝迹线、绗缝线、放码线、基准点（线放码）等。	（1）用该工具直接在点、线上单击，即可； （2）如果要擦除集中在一起的点、线，左键框选即可； （3）抓取到边线上的控制点时，如果该点有缝份数据或者关联剪口，会在光标处给出提示。

图标	名称 / 快捷键	功能	操作要点
	合并调整 N	将线段移动旋转后调整，常用于前后袖窿、下摆、省道、前后领口及肩点拼接处等位置的调整。	（1）选择合并调整工具，右侧出现合并调整工具对话框； （2）用鼠标左键依次点选或框选要圆顺处理的曲线，点击右键； （3）再依次点选或框选与曲线连接的线，点击右键，可将拼接好的线移出调整； （4）用左键可调整曲线上的控制点，调整满意后，点击右键。
	对称调整 M	对纸样或结构线对称后调整，常用于对领的调整。	（1）在空白处按下 Shift 键可切换调整与复制； （2）单击对称轴或对称轴的起止点； （3）再框选或单击要对称调整的线，点击右键； （4）用该工具单击要调整的线，再单击线上的点，拖动到适当位置后单击； （5）调整完所需线段后，点击右键结束。
	点 P	在线上定位加点或空白处加点。适用于纸样、结构线。	（1）用该工具在要加点的线上单击，靠近点的一端会出现亮星点，并弹出对话框，输入数据，确定即可； （2）直接在关键点上单击左键，即可增加点。
	关联 / 非关联	端点相交的线在用调整工具调整时，使用过关联的两端点会一起调整，否则不会一起调整。	用 Shift 切换关联 / 非关联：用关联工具框选或单击两线段，即可关联两条线相交的端点；用不关联工具框选或单击两线段，即可不关联两条线相交的端点。
	圆角	在不平行的两条线上，作等距或不等距圆角。用于制作西服前幅底摆，圆角口袋。	（1）用该工具分别单击或框选要做圆角的两条线； （2）在线上移动光标，此时按 Shift 键在曲线圆角与圆弧圆角间切换，点击右键光标可切换为切角保留或为切角删除； （3）再单击弹出对话框，输入适合的数据，点击确定即可。
	CSE 圆弧	画圆弧、画圆。	（1）按 Shift 键在 CSE 圆与 CSE 圆弧间切换； （2）光标为 CSE 圆时，在任意一点单击确定圆心，拖动鼠标再单击，弹出对话框； （3）输入圆的适当的半径，确定即可。 （4）CSE 圆弧的操作与 CSE 圆操作一样。
	剪刀 W	用于从结构线或辅助线上拾取纸样。	（1）用该工具单击或框选围成纸样的线，最后点击右键形成纸样； （2）或用该工具单击线的某端点，按一个方向单击轮廓线，直至形成闭合的图形，点击右键形成纸样； （3）选中剪刀工具，单击右键可切换成衣片拾取辅助线工具，从结构线上为纸样拾取内部线。
	等分规 D	在线上加等分点、在线上加反向等距点。	（1）等分功能：右键切换为有拱桥等分线或只加等分点； （2）按 Shift 键可切换为线上等距功能，左键单击线上的关键点，沿线移动鼠标再单击，在弹出的对话框中输入数据，确定即可。

图标	名称 / 快捷键	功能	操作要点
	剪断线 Shift+C	用于将一条线从指定位置断开，变成两条线，也能同时用一条线打断多条线。或把多段线连接成一条线。	（1）用该工具在线上单击，输入数值，回车即可； （2）如果选中的点是关键点（如等分点或两线交点或线上已有的点），直接在该位置单击断开； （3）剪断多线操作：按 Shift 键把光标切换，左键框选多条线后点击右键，再单击断开线即可； （4）连接操作：框选或分别单击需要连接的线，点击右键即可。
	角度线 L	作任意角度线，过线上（线外）一点作垂线、切线（平行线）。	（1）用该工具可在已知直线或曲线上作角度线； （2）可以过线上一点或线外一点作垂线； （3）可以过线上一点作该线的切线或过线外一点作该线的平行线。
	圆规 C	常用于画袖山斜线、西装驳头等。	（1）单圆规：作从关键点到一条线上的定长直线，常用于画肩斜线、夹直、裤子后腰、袖山斜线等； （2）双圆规：通过指定两点，同时作出两条指定长度的线。
	比较长度 R	用于测量一段线的长度、多段线相加所得总长、比较多段线的差值，也可以测量剪口到点的长度。	（1）选择需要测量的线，长度或多段线之和即可显示在长度比较表中； （2）单击或框选线段，单击右键，再单击或框选要比较的线，长度比较表中会有差值。按 Shift 键可切换成测量两点间距离。
	成组复制 / 移动 G	用于复制或移动一组点、线、扣眼、扣位等。	（1）左键框选或点选需要复制或移动的点、线，点击右键结束选择； （2）单击任意一个参考点（单击任意参考点后，点击右键，选中的线在水平方向或垂直方向上镜像），拖动到目标位置后单击左键即可放下。按 Shift 键来切换成单次复制、移动、多次复制。
	对称复制 K	根据对称轴对称复制（对称移动）结构线、图元或纸样。	（1）该工具在线上单击两点或在空白处单击两点，作为对称轴； （2）框选或单击所需复制的点、线或纸样，点击右键完成。该工具默认为对称复制，按 Shift 键可切换为对称移动。
	旋转复制 Ctrl+B	用于旋转复制或旋转一组点或线或文字。	（1）单击或框选旋转的点、线，点击右键； （2）单击一点，以该点为轴心点，再单击任意点为参考点，拖动鼠标旋转到目标位置。该工具默认为旋转复制，按 Shift 键可切换为旋转。
	移动旋转复制 J	用于把一组线向另一组线上对接。	（1）用该工具依次单击需要对接拼合的四个点； （2）再框选或单击需要对接的点、线，点击右键完成。用 Shift 键切换"对接复制"与"对接"功能。
	设置线类型和颜色	用于修改结构线的颜色、线类型、纸样辅助线的线类型与输出类型。	（1）选中线型设置工具，快捷工具栏右侧会弹出颜色、线类型及切割画的选择框； （2）选择合适的颜色、线型等； （3）左键单击线或左键框选线，设置线型及切割状态； （4）右键单击线或右键框选线，设置线的颜色。

图标	名称/快捷键	功能	操作要点
	展开、去除余量	可单向展开或去除余量、双向展开或去除余量。	（1）用 Shift 键来切换单向展开或去除余量 、双向展开或去除余量； （2）用该工具框选（或单击）所有操作线，点击右键； （3）单击不伸缩线（如果有多条，框选后点击右键），双向展开时则为上段展开线； （4）单击伸缩线（如果有多条，框选后点击右键），双向展开时为下段展开线； （5）如果有分割线，单击或框选分割线，单击右键确定固定侧，弹出对话框（如果没有分割线，单击右键确定固定侧）； （6）输入数据，选择合适的选项，确定即可； （7）如果是在纸样上操作，不需要操作上述第二步。
	文字	用于在结构图或纸样上加文字、移动文字、修改、删除文字及调整文字的方向，且各个码上的文字内容可以不一样。	（1）点击左键弹出对话框加文字； （2）在文字上单击左键移动文字； （3）光标移在需修改的文字上点击右键弹出对话框，修改或删除文字；或按键盘 Delete 键可删除文字，按方向键可移动文字位置； （4）调整文字的方向：把该工具移在要修改的文字上，单击鼠标左键不松手，拖动鼠标到目标方向松手即可。
	工艺图库	与【文档】菜单的【保存到图库】命令配合制作工艺图片；调出并调整工艺图片。	（1）加入（保存）工艺图片：用该工具分别单击或框选需要制作的工艺图的线条，点击右键，单击菜单栏→文件菜单→其他，选择保存工艺图库文件； （2）调出并调整工艺图片：用该工具单击左键，弹出对话框，选择工艺图片，在空白处点击右键调整尺寸，点击左键为确定。
	选择纸样控制点	用来选中纸样、选中纸样上边线点、选中辅助线上的点、修改点的属性。	（1）单击选中纸样，框选多个纸样； （2）选中纸样上的点：在点上用左键单击、用左键框选单个或多个点、Ctrl+ 单击选择多个点； （3）修改点的属性：在需要修改的点上点击，再点放码表下的工具栏里选择点的属性，单击采用即可。
	缝份	用于给纸样加缝份或修改缝份量及切角。	（1）单击纸样边线点加（修改）相同缝份； （2）框选边线加（修改）相同缝份量； （3）先定缝份量，再单击纸样边线修改（加）缝份量； （4）单击边线加缝份； （5）拖选边线点加（修改）缝份量； （6）在需要修改的点上点击右键可修改单个角的缝份切角； （7）按 Shift 键修改两边线等长的切角。
	布纹线	用于创建布纹线，调整布纹线的方向、位置、长度以及布纹线上的文字信息。	（1）在纸样外非布纹线位置单击左键可创建布纹线； （2）单击左键布纹线端点可更改布纹线长度； （3）单击左键布纹线中间可移动布纹线； （4）单击右键可顺时针旋转布纹线； （5）Ctrl+ 右键可逆时针旋转布纹线； （6）Ctrl+ 左键可编辑布纹线上的文字； （7）Shift+ 左键可更改布纹字体方向位置； （8）Shift+ 右键可使布纹线上字体垂直于布纹线摆放。

图标	名称/快捷键	功能	操作要点
	钻孔	在结构线或纸样上加钻孔（扣位），修改钻孔（扣位）的属性及个数。	（1）在结构线或纸样上加钻孔：单击一个点或一条线，在对话框输入起始点偏移及个数即可； （2）修改钻孔（扣位）的属性及个数：用该工具在扣位上点击右键，在对话框中进行修改。
	扣眼	在结构线或纸样上加扣眼位、修改眼位。结构线上加扣眼操作与钻孔一致，也可联动修改。	（1）在结构线或纸样上加扣眼：单击一个点或一条线，在对话框输入起始点偏移及个数即可； （2）按鼠标移动的方向确定扣眼角度：选中参考点按住左键拖线，再松手会弹出加扣眼对话框； （3）改眼位操作：用该工具在眼位上点击右键，即可弹出对话框。
	剪口	在结构线或纸样上加剪口，调整剪口的方向，对剪口放码、修改剪口的定位尺寸及属性。	选择剪口工具，在右侧工具栏属性出现剪口对话框：选择"生成/修改剪口"、生成拐角剪口、框选删除剪口、框选修改剪口、删除所有拐角剪口、删除所有剪口、修改所有剪口，选择相关选项，确定即可。
	旋转纸样	用于旋转纸样。	（1）在纸样上单击右键（多个纸样框选），顺时针90度旋转，Shift+右键逆时针旋转90度； （2）单击左键选中两点移动鼠标，以选中的两点在水平或垂直方向上旋转； （3）Ctrl+左键单击两点移动鼠标，纸样可随意旋转； （4）Ctrl+右键按指定角度旋转纸样。
	纸样对称	可以把纸样在关联对称、不关联对称、只显示一半几种状态间设置。	设置前的纸样没有对称轴要设对称，需要在选中对称纸样工具后，单击纸样上对称轴的两点，并在对话框中选择或点击相应的按钮，如果设置前纸样上有对称轴，则先选中纸样再点击对话框中相应的按扭即可。
	水平垂直翻转	用于将纸样翻转。	（1）对单个纸样：用Shift键切换水平翻转与垂直翻转，在纸样上直接单击左键； （2）对多个纸样翻转：用该工具框选要翻转的纸样后点击右键，所有选中纸样即可翻转。
	放大、缩小空格键	用于放大或全屏显示工作区的对象。	（1）放大：用该工具单击要放大区域的外缘，拖动鼠标形成一个矩形框，用矩形框住需要放大的部分，再单击即可放大； （2）全屏显示：在工作区击右键。在使用任何工具时，按下空格键（不弹起）可以转换成放大、缩小工具。
	移动纸样空格键	将纸样从一个位置移至另一个位置，或将两个纸样按照一点对应重合。	（1）移动纸样：用该工具在纸样上单击，拖动鼠标至适当的位置，再单击即可。 （2）将两个纸样按照一点对应重合：用该工具，单击纸样上的一点，拖动鼠标到另一个纸样的点上，当该点处于选中状态时再次单击即可。

3. 菜单栏

菜单	选项/快捷键	功能	操作要点
文件(F)	安全恢复	因断电或其他原因没有来得及保存的文件,用该命令可找回来。	要使安全恢复有效,须在【选项】菜单—【系统设置】—【自动备份】,勾选【使用自动备份】选项。
	档案合并	合并多个设计与放码文件。	打开一个文件后,点击【档案合并】,弹出打开文件对话框,选择要合并的文件打开即可。
	打开 DXF 文件	打开其他软件转换过来的 DXF 文件。	点击【文档】—【打开 DXF 文件】,出现对话框,选择对应的选项即可。
	输出 DXF 文件	把本软件文件转成 AAMA 或 ASTM 格式文件。	单击【文件】—【输出 DXF 文件】,弹出对话框;选择合适的选项,点浏览,输入保存的文件名,单击确定即可。
	打印	有号型规格表、纸样信息、总体资料、纸样、打印机设置等功能选项。	用于打印号型规格表;打印纸样的详细资料;打印所有纸样的信息资料,并集中显示在一起;在打印机上打印纸样或草图;设置打印机型号及纸张大小及方向。
	其他	保存工艺图库文件。	与【加入/调整工艺图片】工具配合制作工艺图库。
编辑(E)	复制纸样 Ctrl+C	把选中的纸样复制在剪贴板上。	用【选择纸样控制点】工具选中需要复制的纸样;点击【编辑】—【复制纸样】,即可。
	粘贴纸样 Ctrl+V	使复制在剪贴板的纸样粘贴在目前打开的文件中。	打开要粘贴纸样的文件;点击【编辑】—【粘贴纸样】,即可。
纸样(P)	删除当前选中纸样 Ctrl+D	将工作区中的选中纸样从衣片列表框中删除。	选中要删除的纸样,用快捷键 Ctrl+D,删除即可。
	全部纸样移出/进入工作区 F12	将工作区全部纸样移出/放入工作区。	单击菜单或用快捷键 F12 移出工作区全部纸样;用 Ctrl+F12,纸样列表框的全部纸样进入工作区。
	移动纸样到结构线位置	将移动过的纸样再移到结构线的位置。	(1)选中需要操作的纸样;(2)单击【纸样】菜单—【移动纸样到结构线位置】,弹出对话框;(3)选择其中的选项,点击确定。
	纸样生成打版草图	将纸样生成新的打版草图。	(1)选中需要生成草图的纸样;(2)单击【纸样】菜单—【纸样生成打版草图】,弹出对话框;(3)选择其中的选项,点击确定。
表格(T)	规格表 Ctrl+E	该对话框用于存放规格表。	方法同主菜单栏的规格表。
	尺寸变量	该对话框用于存放线段测量的记录。	单击【表格】菜单—【尺寸变量】,弹出对话框,可以查看各码数据,也可以修改尺寸变量符号或变量名。

菜单	选项/快捷键	功能	操作要点
显示(V)	标尺 R	显示/不显示 标尺	如果该命令前有√对勾显示，则标尺就会显示，否则不显示。可点击更改。
	衣片列表框 L	显示/不显示 衣片列表框	如果该命令前有√对勾显示，则衣片列表框就会显示在软件界面上，否则不显示。可点击更改。
	主工具栏	显示/不显示 主工具栏	如果该命令前有√对勾显示，则软件界面就有下列工具条显示，否则不显示。可点击更改。
	工具栏	显示/不显示 工具栏	如果该命令前有√对勾显示，则软件界面就有下列工具条显示，否则不显示。可点击更改。
	显示纸样 信息栏	显示/不显示 纸样信息栏	如果该命令前有√对勾显示，纸样信息栏就会在右侧显示，否则不显示。可点击更改。
	参照表栏	显示/不显示 参照表栏	如果该命令前有√对勾显示，参照表栏就会在右侧显示，否则不显示。可点击更改。
	显示辅助线	显示/不显示 辅助线	如果该命令前有√对勾显示，则辅助线就会显示，否则不显示。可点击更改。
	显示布纹线	显示/不显示 布纹线	如果该命令前有√对勾显示，所有纸样上的布纹线都会显示，否则不显示。可点击更改。
选项(S)	系统设置	界面	有纸样列表框布局、界面方案、工具栏配置、自定义快捷键、语言选择、线条类型等选项。
		字体	有系统显示、工具信息提示、T文字、布纹线、尺寸变量、公式、缝份量显示、档差标注、充绒、标注等字体选择、样式、高度等字体设置。
		布纹线	有布纹线的缺省方向、布纹线大小、布纹线信息等设置。
		缺省	有剪口、缝份量、点提示大小、省的钻孔距离、钻孔等设置。
		绘图	有关绘图方面的线条、剪口等设置。
		长度单位	有度量单位、显示精度等设置。
		开关设置	有显示放码点和非放码点、显示缝份量线、填充纸样、使用滚轮放大缩小、自动保存纸样名等设置。
		自动备份	有使用自动备份、备份间隔分钟、备份每一步等设置。
	启用尺寸 对话框	启用/不启用 尺寸对话框	单击该命令，如果前有√对勾显示，则启用尺寸对话框，否则为不启用。可点击更改。
	启用点偏移 对话框	启用/不启用 点偏移对话框	单击该命令，如果前有√对勾显示，则启用点偏移对话框，否则为不启用。可点击更改。

项目二　Style3D软件介绍

Style3D从3D设计、推款、审款、3D改版、智能核价、自动BOM到直连生产，为服装品牌商、ODM商、面料商等提供从设计到生产全流程的数字研发解决方案。阿里巴巴集团、百度公司、腾讯公司、浙江大学CAD&CG国家重点实验室等公司和高校实验室都在使用。其主要包括Style3D Studio、Style3D Fabric、Style3D Market、Style3D Cloud四部分功能。

经过不断发展，Style3D在服装柔性仿真、服装真实感渲染、服装CAD设计三方面的功能越来越完善。软件更新速度快，本书的工具和实例以V6.2.1001（PROD）版本作为支撑。

任务1：软件安装

访问www.sukuan3d.com网站，注册账号，免费下载软件进行安装使用。可以根据需要选择"更多版本"，下载适合自己电脑配置的版本（图1-2-1），并通过在网站上学习和完成任务获取更久的软件使用时长。

图1-2-1 Style3D软件下载图示

任务2：软件界面介绍

图1-2-2

Style3D软件集成了二维纸样绘制和修改功能及三维虚拟试衣功能，二维纸样和试衣功能在一个界面，能快速直观地了解二维纸样在人体上的穿着效果，并能根据效果进行纸样的修改。根据本书的款式特点，纸样绘制部分放在CAD软件中进行，主要讲解如何运用Style3D软件进行三维缝合和虚拟试衣。

图1-2-2是Style3D软件的界面。主要用到六个窗口，分别为工具栏、2D视窗、3D视窗、场景管理窗、资源库、属性栏。

工具栏：单击工具栏各种图标，可以从开始、素材、工具、测量、设置等方面进行操作。

2D视窗：可以在该窗口进行制版、改版等操作。

3D视窗：可以在该窗口进行服装模拟、造型调整等操作。

场景管理窗：可以在该视窗中查看当前使用的素材、场景、尺寸、记录等信息。

资源库：点击"⬛"图标，打开资源库，可以使用模特、面料、图案、辅料等素材，并能进入官方市场下载素材。

属性栏：可以通过属性栏对模特、面料、辅料等进行调整。

任务3：Style3D部分常用功能

一、鼠标使用要点

1. **单击左键**：按下鼠标左键并且在没有移动鼠标情况下放开左键。
2. **单击右键**：按下鼠标右键并且在没有移动鼠标情况下放开右键。
3. **左键框选**：在没有把鼠标移动到点、线等对象上，按下鼠标左键框选需要选择的对象，松开鼠标。主要用于2D视窗，可以一次性选择多个点、线或版片。
4. **左键拖拉**：按下鼠标左键并且保持按下的状态移动鼠标。用于2D视窗下移动版片，3D视窗下拉动调整衣片。
5. **右键旋转**：按住鼠标右键，在3D视窗旋转虚拟模特，使操作者从不同角度观看虚拟模特。
6. **移动**：在3D视窗，按住鼠标左键并拖动，可以移动虚拟模特在画面中的位置。
7. **放大/缩小**：在2D和3D视窗滚动鼠标滚轮，可以将画面放大或缩小。按住"F"键在3D视窗可以将画面放大到指示位置。

二、常用工具简介

1. 文件栏——主要负责文件的建立、保存、导入、导出等

图标	名称	快捷键	作 用
	新建	Ctrl+N	新建一个项目文件。
	打开	Ctrl+O	可以打开项目文件、服装文件、虚拟模特、场景文件、道具文件。
	最近使用		显示最近打开过的文件。
	保存项目	Ctrl+S	保存做好的文件。
	另存为	Ctrl+Shift+S	另存为项目文件、服装、虚拟模特、场景文件。
	导入	Ctrl+Shift+D	导入DXF（AAMA/ASTM）、Obj、FBX、SCO、GLTF、GLB、Alembic、AI、真人渲染配置文件和参考图。
	导出		导出DXF、Obj、PLT、BOM数据、FBX、SCO、GLFT、GLB、Alembic、Point Cache、AI、真人渲染配置文件和模特测量线。

2. 开始栏——主要是对版片进行一些相关操作

图标	名称	作用	操作要点
	选择/移动	对版片、内部图形进行选择、拖动；对版片、内部图形右键进行相关操作。	（1）对版片进行选中、移动，对版片右击可使用以版片为单位的功能； （2）拖动控件可对版片进行旋转、缩放； （3）模拟状态下，选择移动功能可以对处于模拟状态的服装进行拖拽； （4）右键版片—旋转/翻转—至布纹线向上方向能够保证服装排版方向与排料一致。

图标	名称	作用	操作要点
	编辑版片	对点和边进行选择、拖动 / 对点和边右键进行相关操作。	（1）编辑版片可以选内部线、外轮廓线的点、边，移动时右键可以输入具体移动距离。 （2）基准线的点、边只能在"勾勒轮廓"功能下选择。内部线、基准线之间可以互相转化。
	编辑曲线	2D 窗口中，调整净边或结构线的造型。	（1）在版片净边或者内部线上点击可以直接加曲线点； （2）点击时按住鼠标，拖拽可以改变曲线形状。
	笔	绘制版片、在版片上绘制内部线、在模特上画线进行到版片的转换。	在 2D 场景空白处连续点击多个点形成封闭图形；2D、3D 场景中，在版片中连续点击多个点形成折线；多次点击后点击起点可生成内部图形，双击可生成内部线 / 内部折线。
	长方形	通过点击 / 拖拽生成长方形版片 / 内部线。	下拉菜单中的"圆形 、菱形省 、省 、螺旋 、刀口 、加点 "图标使用方法与长方形相似。
	勾勒轮廓	通过 DXF 版片信息，按其中的基准线生成内部线。	只有勾勒轮廓功能方可选择 / 删除基准线，其他功能无法对基准线进行操作。基准线在模拟时不参与三角化，不影响模拟。
	延展 – 点	将版片分割成两部分并将其中一部分旋转。	选择剪开线起点—选择剪开线终点—选择哪侧版片需要旋转—（拖动时单击右键）输入要移动的距离 / 角度并确认。
	延展 – 线段	对版片一侧净边进行"放量"操作，在固定侧长度不变的基础上，在展开侧增加长度；类似 2D 制版软件中的"固定等分割"功能。	依次点选固定侧起点终点、展开侧起点终点。通过弹出数值框控制展开插入 / 收缩量，变化量可以为负值。
	缝边	点击净边以插入缝边，在右侧属性编辑视窗可以编辑缝边参数。	（1）框选版片可快速对特定版片生成缝边； （2）2D 场景中空白处右键菜单提供自动为所有版片添加缝边的功能； （3）从 DXF 中导入的版片设置缝边，则会移除原有所有缝边。
	注释	在 2D 场景，在版片上插入注释或编辑注释。	点击空白处创建注释 / 拖动已有注释 / 双击对已有注释进行编辑。
	放码	对版片放码信息进行编辑。	选择要编辑的顶点进行放码，通过属性编辑视窗或者键盘方向键调整放码信息。
	编辑缝纫	在 2D/3D 视窗，对缝纫线进行调整、删除等。	选择 / 编辑缝纫线，可通过属性编辑视窗调整折叠角度和弹性。

图标	名称	作用	操作要点
	线缝纫	对两段线进行缝纫。	在 2D/3D 视窗，依次点击要缝纫的线，可选择净边 / 内部线作为缝纫线，按住 Shift 键可依次选择多点，缝纫时从两边起点缝到两边终点。
	多段线缝纫	对两组不连续线进行缝纫。	依次点击要缝纫的第一组线（缝纫时他们会依次收尾相连）后击回车，之后依次点击要缝纫的第二组线，点击回车生成多段线缝纫；缝纫时从多段起点到多段终点会按照长度比例进行对应缝制。
	自由缝纫	对任意起、终点的两段线进行缝纫。	依次点击要缝纫的两段线的起终点，在它们之间生成自由缝纫，缝纫时两条边从两边起点到两边终点缝合；按住 Shift 键可以选择多段代替原本的一段，多选后松开可生成一对多 / 多对多缝纫关系。
	多段线自由缝纫	对两组任意起、终点的不连续线进行缝纫。	依次点击要缝纫的第一组线（缝纫时他们会依次收尾相连）后击回车，之后依次点击要缝纫的第二组线，点击回车生成多段线缝纫。
	折叠安排	对版片的内部线和缝纫线进行折叠。	内部线和缝纫线都可以通过控件旋转角度，折叠角度表示两侧成角的角度，折叠强度表示维持这个角度的力度多大程度上不受干扰。
	折叠服装	对服装进行整件折叠。	折叠服装前，先把服装平铺至地面；在版片点击，出现折叠工具，使用折叠工具中的红色半径线和绿色半径线进行旋转，折叠服装的两侧。折叠后，使用模拟，多次折叠，实现方块、毛巾卷等折叠形态。
	翻折褶裥	对制作褶的内部线设置折叠角度。	先使用划线的箭头工具确定哪些线要设置角度，在弹窗中设置边折叠的类型和边折叠要设置的角度，此功能只能对内部线设置折叠角度。
	缝纫褶皱	对褶结构进行缝纫，主要用于褶数目较多、且有规律时快速生成多个褶的缝纫线。	通过"加点""对齐到版片外线并添加点"等工具在有褶的版片上先添加断点。后面添加褶结构时，程序会按照每三个断点进行一次缝纫；点选褶要缝纫到的版片的起点和终点，操作效果类似自由缝纫；点选生成褶一侧的起点和终点，程序会按照每三个顶点生成一个褶的逻辑自动缝纫褶结构。
	设定层次	设置两个版片之间的前后关系。	在 3D 窗口选择 / 移动版片，可以通过小工具平移 / 旋转版片，依次点击 2 个版片，将版片在模拟时设置在另一版片"外层"。通过点击箭头上的"+"控件，可以切换两者之间的先后顺序。
	造型刷	对版片进行归拔和局部细化。	归拔时显示的颜色越蓝，网格收缩程度越高，模拟面积越小；颜色越红，网格拉伸程度越高，模拟面积越大。右键版片可删除选中版片上所有归拔 / 删除所有归拔。按住 Ctrl 键进行点击归拔会去除已有位置归拔，按住 Shift 键进行点击归拔会生成负当前收缩率的归拔。
	添加假缝	使版片上两点在模拟时连在一起。	将两点临时"缝合"，假缝后两点模拟时处于相连的状态。编辑假缝功能可以对假缝进行选择，或者拖动假缝端点，改变其位置。

图标	名称	作用	操作要点
	固定针	选择版片的一部分网格，模拟开始后这部分网格不会动，类似于冷冻。	框选网格将其固定，可拖拽改变网格位置，右键菜单支持快速移除固定针 / 移除所有固定针，按住 ctrl 键框选可清除框选部分固定针。

3. 素材栏——对版片内部的图案、纹理、工艺特点等进行的操作

图标	名称	作用	操作要点
	编辑纹理	编辑每个版片的纹理丝缕线及位置，或者缩放或旋转每种织物的纹理。	在版片上旋转、移动可调整单个版片中纹理的位置和旋转角度；使用场景中右上角控件可对选中的纹理进行缩放。
	排料	进行热转印等操作，将同一款的多个码、多件进行混合自动排料操作。	根据不同的织物调整版片在唛架中的摆放位置、门幅宽、纹理相对门幅的偏移；允许同时排料服装上限目前暂定为 100；支持所有版片在同一唛架上进行排料；支持导出格式有 TIF、PDF、PNG、JPG。
	调整图案	对图案实例进行选择，对图案实例、图案样式进行编辑。	对贴图进行平移、旋转操作；右键可对图案进行沿 X 轴方向 /Y 轴方向 / 版片平铺的重复，也可生成横跨缝纫另一侧版片的拼接图案。
	图案	单击版片插入需要的图案（印绣花）。	点击版片中要插入的位置可添加图案实例；2D 场景中插入可以确定具体位置，插入后自动进入调整图案功能。
	粘衬	模拟时使版片不容易发生变形和拉伸。	两种操作路径：开始—选择 / 移动—版片属性编辑器—粘衬；开始—编辑版片—净边属性编辑器—粘衬。内部图形、洞结构支持粘衬。
	纽扣	在版片上插入和编辑纽扣。	直接点击插入的位置即可，右键可定位插入纽扣位置，在边上右键可沿线生成纽扣，生成纽扣的样式为场景管理视窗中素材页打勾的样式；右键点击纽扣可对其进行复制、删除、复制到对称版片等各种操作。
	扣眼	在版片上插入和编辑扣眼。	直接点击插入的位置即可，右键可定位插入扣眼位置，生成扣眼的样式为场景管理视窗中素材页打勾的样式；右键点击扣眼可对其进行复制、删除、复制到对称版片等各种操作。
	系纽扣	将纽扣和扣眼系在一起。	依次点击纽扣和要系的扣眼即可，模拟时纽扣会系在扣眼上。
	拉链	插入拉链。	在 2D/3D 场景中依次点击生成拉链两端的链条起终点，生成拉链，生成拉链的样式为场景管理视窗中打勾的样式；非模拟状态下，可使用选择 / 移动模式对拉链头的位置进行平移 / 旋转，或调整拉链头在拉链中的位置。

图标	名称	作用	操作要点
	编辑明线	对明线效果进行编辑。	（1）可拖拽明线端点，改变明线长度，选中的明线可在属性编辑视窗更换样式，支持同个明线样式更换不同的规格； （2）单击场景管理视窗中的明线可编辑选中明线样式，包括纹理、颜色、宽度、长度、偏移、明线数量、明线间距、到边距； （3）当前明线为 2D 贴图，宽度长度指的是明线贴图自身长度、宽度偏移为当前明线贴图距线多远，可为负值。线的间距可为负值。
	线段明线	按照净边／内部线生成明线。	框选整个版片可对整个版片快速添加明线。
	自由明线	按照设定的起点、终点生成明线。	在连续的净边／内部线上依次点击起点、终点生成明线。
	编辑嵌条	对嵌条位置等进行调整。	移动嵌条顶点／删除嵌条对象／编辑嵌条参数进行编辑。
	嵌条	插入嵌条。	在 2D/3D 场景中依次点击嵌条的起终点，生成嵌条；无需额外缝纫，直接在对应位置生成嵌条。
	编辑褶皱	对褶皱效果进行编辑。	拖拽褶皱端点，改变褶皱长度，选中的明线可在属性编辑视窗更换样式；在场景管理视窗中可编辑褶皱的法线贴图、密度、长度和宽度（法线自身的长度和宽度）等样式。
	线褶皱	按照净边／内部线生成褶皱。	点击净边、内部线插入褶皱效果；框选整个版片可对整个版片快速添加褶皱效果。
	自由褶皱／缝纫线褶皱	按照设定的起点、终点生成褶皱／在缝纫线上按照设定的起点、终点生成褶皱。	依次点击起点、终点生成褶皱效果／在缝纫线上依次点击起点、终点生成褶皱效果。

4. 工具栏——对版片输出、展示进行的相关操作

图标	名 称	作用	操作要点
	3D 快照	快速生成 3D 场景的快照／旋转视频。	分为预览、视角、图像尺寸、选项、动画（旋转动画独有）等几个部分。
	2D 版片快照	根据 2D 场景中版片状态，生成高清大图。用于热转印、印花输出等后续生产。	调整输出 DPI、毛边宽度以及相关元素显示控制，有"高分辨率、版片逐个导出、毛边"等选项。
	离线渲染	使用 Vray 对模型进行离线渲染。	打开／关闭渲染视窗，"同步渲染"会将 3D 场景中的内容同步到渲染视窗，"最终渲染"会根据 3D 场景中内容生成渲染文件，"停止渲染"会终止已经进行的"同步渲染"和"最终渲染"。

图标	名称	作用	操作要点
	动画编辑器	将生成的虚拟服装以动画的方式展示。	通过系统自带的模特、模特动作录制动画；可以添加动作、导出动画、录制动画及调整动画相关参数等设置。
	齐色	为服装创建多种材质，轻松查看多种材质组合下的服装外观。	点击➕按钮可以新增齐色，点击🖫按钮可以保存齐色，还可以编辑、更新齐色；可以对款式齐色颜色进行管理与编辑，同时可以锁定部分不需要变更齐色的素材，还可以识别不同齐色使用的不同图案素材。
	款式浏览器	同时预览多个3D视窗并查看齐码、齐色等效果。	所有尺码同屏展示，所有齐色同屏展示（3D视窗可旋转、平移、缩放浏览查看）。
	UV编辑器	编辑并导出服装模型的UV烘焙贴图，在三方软件中二次处理模型时，可使用UV烘焙贴图作为材质添加，提高模型材质复制使用效率。	快速摆放UV可点击上方🔳自动安排UV；可点击上方🔳将选中版片缩放排列在0-1坐标；可点击上方🔳将贴图按照2D视窗版片位置进行排布。
	简化网格	在上传工程至云端前减少网格面数，以降低网站对模型的读取时间。	版片会按照放大倍数放大自身粒子间距，放大后的新粒子间距不超过设置的粒子间距上限以保证基本的网格质量；简化网格的过程中程序会尽量保留已生成的模拟形态。
	烘焙光照贴图	根据烘焙效果在3D场景实时渲染中生成烘焙的阴影效果。	根据烘焙算法生成相应的光照阴影贴图，使得模型在3D场景实时渲染中更具真实效果。
	灯光	设置渲染时不同的灯光效果。	主要有面光源🔳、球形灯光🔳、平行光🔳、聚光灯🔳、IES光🔳五种形式。

5.测量栏——对服装、模特的尺寸、维度等进行的测量

图标	名称	作用	操作要点
	编辑模特测量	选择各种3D服装测量，之后可以对其进行删除操作。	按Delete键可删除已选中对象。
	表面圆周测量	严格按照模特表面一周测量圆周形的围度。	依次点击三个点，确定要测量的圆周平面；按Shift键并单击，生成点击位置与地面平行的圆周测量；按Ctrl键并画线，生成截线与模特产生的圆周测量。
	基本圆周测量	用类似皮尺的工具测量沿模特表面一周围度。	依次点击三个点，确定要测量的圆周平面；按Shift键并单击，生成点击位置与地面平行的圆周测量；按Ctrl键并画线，生成截线与模特产生的圆周测量。

图标	名称	作用	操作要点
	基本长度测量	用类似皮尺的工具测量沿模特表面两点间距离。	依次点击要测量距离的点，双击确定终点；算出长度类似于使用皮尺工具量出的结果，不会将一些形成凹陷的结构长度计算在内。
	表面长度测量	测量模特表面两点沿模特表面的距离。	依次点击模特表面两点即可，会将人体表面凹陷的结构计算在内。
	高度测量	测量模特表面某点到地面的高度。	点击要测量高度的位置，读出当前点高度。点击时会对已有的圆周测量进行吸附。
	高度差测量	测量模特表面两点高度之差。	点击要测量高度差的两点位置，读出两点高度差。点击时会对已有的圆周测量进行吸附。
	编辑服装测量	选择服装测量，可对两点测量进行编辑。	可对四种服装测量进行选中，可拖拽两点测量的顶点对齐进行编辑。
	服装直线测量	测量3D服装表面两点空间上的距离。	在3D服装上从一点拉向另一点得到距离尺寸。
	服装圆周测量	测量3D服装在一个高度上围成围度的长度。	按下工具，拉出圆周，得到距离尺寸。
	两点测量	在2D/3D测量版片上两点间线段的长度。	同版片两点间进行测量；可通过编辑服装测量选择多条连续两点测量线并右键菜单执行"合并"。
	线上两点测量	测量2D版片同一条线上两点间线段的长度。	测量沿线两点间距离，按Ctrl键测量多段两点沿线距离。
	对比轮廓	可对两侧版片进行等距离对刀眼，或对两侧版片进行拼合校验。	对两个任意版片边缘做线段等长对比，并添加刀口。
	模特圆周胶带	使版片的一条线和模特在模拟时连在一起。	虚拟模特胶带有编辑模特胶带、模特圆周胶带（点击三个点在模特上生成模特圆周胶带，按住Shift键单击模特可生成平行于地面的模特圆周胶带，按住Ctrl键画出截线可按照界面生成模特圆周胶带）、模特线段胶带、服装贴覆到胶带四个方面的功能。

6.设置栏——对软件界面进行设置，并了解软件的基础操作

图标	名称	作用
	显示	调整软件画面及 2D/3D 窗口显示的视角。
	偏好设置	对软件的界面、快捷键根据自我喜好进行设置。
	检查更新	了解软件的更新情况。
	关于	对软件的介绍。
	功能手册	点击可跳转到"帮助中心"，了解工具的使用。
	凌迪大学	点击链接可跳转到"凌迪大学学习中心"，可学习软件相关的操作。
	自定义菜单	根据喜好，设置相关的快捷键。
	反馈	弹出对软件使用的意见对话框。
	新手指引	简单介绍软件的几个窗口位置。

7.2D视窗——在2D窗口显示版片的一些相关信息

图标	名称	作用
	箭头	隐藏或打开 2D 视窗中的图标。
	织物	显示版面的面料纹理、网格、透明度及布纹线。
	颜色	显示 2D 版片的颜色。
	版片	显示版片的名称、内部线、结构线、缝纫线、缝边及放码等信息。
	尺寸	注释版片的长度、宽度等尺寸。

8. 3D视窗——在3D窗口显示模特、着装等的一些信息

图标	名称	作用
	箭头	隐藏或打开 3D 视窗中的图标。
	模特	在 3D 窗口显示模特的相关安排点、骨骼、纹理、网格及测量线。
	服装	在 3D 窗口显示服装的内部线、结构线、缝纫线、造型线及缝纫连接线。
	织物	在 3D 窗口显示面料纹理、网格、厚度及半透明度。
	颜色	在 3D 窗口显示服装的冷冻、硬化、固化、失效、粘衬、固定针、假缝等状态。
	试穿	分析人体受压、服装应力、服装形变、服装隔热等情况。

9. 场景视窗——配合资源库、属性栏一起进行各种调整

图标	名称	作用
	织物	显示织物相关信息，双击可配合"属性编辑视窗"进行织物相关的参数调整。
	图案	显示图案相关信息，双击可配合"属性编辑视窗"进行图案相关的参数调整。
	纽扣	显示纽扣相关信息，双击可配合"属性编辑视窗"进行纽扣相关的参数调整。
	扣眼	显示扣眼相关信息，双击可配合"属性编辑视窗"进行扣眼相关的参数调整。
	拉链	显示拉链相关信息，双击可配合"属性编辑视窗"进行拉链相关的参数调整。
	明线	显示明线相关信息，双击可配合"属性编辑视窗"进行明线相关的参数调整。
	褶皱	显示褶皱相关信息，双击可配合"属性编辑视窗"进行褶皱相关的参数调整。
	附件	从资源库添加需要的附件，双击可配合"属性编辑视窗"进行附件相关的参数调整。
	虚拟模特	从资源库添加虚拟模特，双击可配合"属性编辑视窗"进行虚拟模特相关的参数调整。
	资源库	提供可选择的服装、模特、面料／材质、图案、辅料、场景资源。

项目三　数字化面料

任务1：面料扫描

一、面料辨别

在扫描前需要根据面料属性进行辨别，进而确定面料的录入方式。在收料后，需要确定面料是否具有立体结构，如动物毛皮、长毛丝绒织物、立体褶皱等不平整的面料；确定面料图案是否超出扫描范围；确定面料是否具有物理属性，如反光、感光等不易被扫描的外观属性，若为是，则通过拍照进行录入；若为否，则通过扫描进行录入。

二、面料准备

准备的面料大小为A4左右，尽量不要有折痕、脏污等，以方便后续处理，花纹、格子等图案面料至少需要一个四方循环，用于连续拼接得到数字化面料。

准备好扫描仪的电源适配器，USB2.0数据线等配件，对焦卡和白色色卡主要用于相机矫正，磁铁主要用于材料放置扫描舱扫描时压平材料（图1-3-1）。

任务2：数字面料扫描与上传

一、以时谛扫描仪（图1-3-2）为例，介绍功能区域

1. 扫描区主要用于扫描前材料信息的填写和属性的选择（图1-3-3）。
2. 3D渲染区：主要用于查看材料的效果，还可以切换不同的模型，查看材料在不同模型上的渲染效果（图1-3-3）。
3. 贴图微调区：主要是用于微调数字化材料的各个贴图，使之更接近实物材料的效果（图1-3-3）。
4. 材质库：用于存储已扫描完成的材料。用户可以借助这个材质库，对自己的材料按文件夹进行管理（图1-3-3）。
5. 编辑区（图1-3-3）：3×3拼接显示区，主要用于展示材料贴图，拼接处理后3×3拼起来的结果，可以借助分界线查有是否还存在拼缝。

无缝拼接参数编辑区：主要用于贴图裁剪和拼接算法选择。无缝拼接主要分为两个步骤，一是调整裁剪框，二是需要借助拼接算法进行拼接（图1-3-4）。

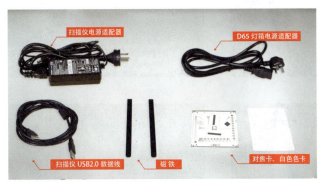

图1-3-1

图1-3-3

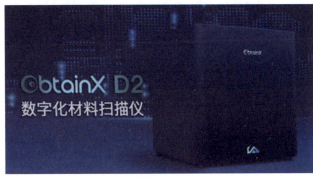

图1-3-2

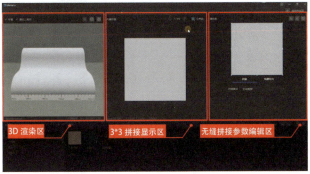

图1-3-4

二、扫描面料的步骤

1.将材料放入扫描仪以后填写材料的名称，根据实物材料的特点合理选择材料的属性，并选择材料存储在材质库的位置，操作完毕后点击"开始扫描"按钮即可开始扫描进程（图1-3-5）。

2.扫描过程预计需要2~4分钟。

3.材质扫描完毕后在材质库中会出现这个材料，材料名称旁边会有红点，表明这个材料未被查看过。将材料拖拽到编辑区可以载入这个材料，可看到材料的3D实时渲染效果，对这个材料进行微调和无缝拼接。具体步骤如下：

第一步：点击"无缝连续"按钮，进入无缝拼接的界面拖动裁剪框，保留用于进行拼接的区域（图1-3-6）。

图1-3-5

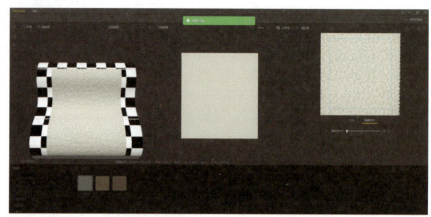

图1-3-6

第二步：点击"贴图均匀"，切换不同的贴图，同时观察3×3拼接区域是否存在贴图不均匀的现象。如果有，则需对不均匀的贴图设置贴图均匀参数，直至不均匀的效果消失为止。点击"保存并返回"按钮进入材质微调区域，进行材质属性微调（图1-3-7）。

漫反射贴图表现的是材料本身的颜色。修改这个贴图的颜色会影响材料的颜色。该贴图有三种颜色编辑模式。色阶主要是调节颜色的对比度和整体颜色明暗程度。色彩平衡可直接调整材料颜色。色相饱和度则可以调节材料颜色的整体色相颜色饱和度和亮度（图1-3-8）。

法线贴图表现的是材料的凹凸情况，修改这个贴图会影响材料纹路凹凸的程度（图1-3-9）。

高光贴图表现的是材料的高光部分，修改这个贴图会修改材料的高光效果。一般情况下非金属材料的高光接近于黑色，可以拖动色阶调整滑块进行调整（图1-3-10）。

图1-3-7

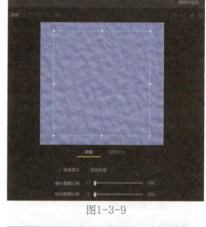

图1-3-9

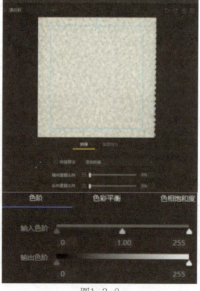

图1-3-8

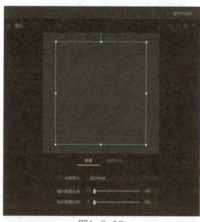

图1-3-10

光泽度贴图表现的是材料表面的光滑程度，修改这个贴图可以将材料变粗糙或变光滑，可以通过调节色阶调整光泽度贴图的亮暗，使3D渲染区的光滑程度和实物保持一致（图1-3-11）。

第三步：材质微调结束，就可以进行最后的材质拼接操作，点击"无缝拼接"按钮，进入无缝拼接区域，编辑时，需要观察3D渲染区和3×3拼接显示区的效果。同时，可以在3D渲染区查看该扫描的面料，用在不同物品上的预览效果。如抱枕、T恤、包、沙发、鞋子等（图1-3-12）。

第四步：完成以上步骤后，点击右上角的"保存"按钮，即可保存所有的操作，现在已经完成了一个材料的数字化。在材质库中，选中材料后点击右键，选择导出，可以导出成时谛自定义的材料格式，也可以将材料的贴图导出继而用于其他软件中（图1-3-13）。

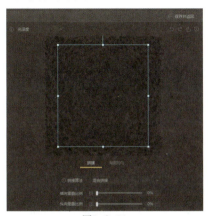

图1-3-11

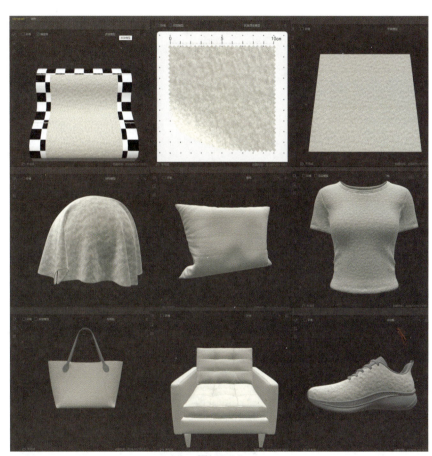

图1-3-12

图1-3-13

羊毛绒_Diffuse

羊毛绒_Displacement

羊毛绒_Glossiness

羊毛绒_Normal

羊毛绒_Roughness

羊毛绒_Specular

图1-3-14

第五步：导出后，在对应的文件夹找到导出的文件（图1-3-14）。

三、数字面料的物理属性

数字面料由物理属性和纹理外观两部分组成。物理属性决定了面料的褶皱形态。通过修改面料的物理属性预设，在软件的面料库中查找并应用合适的物理属性预设。

面料都有自己对应的属性数值。这些数值是通过面料测量仪测量得出或者面料生成器生成得出的。接下来，观察这些细节调整对于面料会产生哪些形态变化，更深入地了解数字面料。

3D软件中系统默认面料有以下属性数值需要调整。具体调节如下（图1-3-15）：

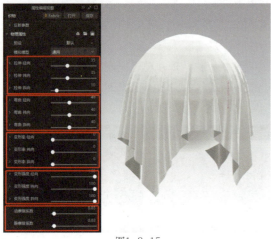

图1-3-15

1. 调整拉伸经向/纬向/斜向

目的：经向、纬向、斜向是为了表现以2D样版窗为基准，水平、垂直、对角线方向的伸缩反弹力强度而使用。当对角线张力与经纱、纬纱拉伸同比例增长时，可表现出如牛仔、棉等容易出皱的面料。相反，当对角线张力与经纱、纬纱拉伸同比例减少时，可表现出丝、针织等容易拉伸的面料。

访问路径：

【物体窗口】—【织物】【属性编辑器】—物理属性—细节—调整拉伸经向/纬向/斜向（图1-3-16）。

2. 调整弯曲经向/纬向/斜向

目的：通过修改弯曲强度来调整织物的硬挺程度。数值越高，面料越硬，如牛仔布和皮革。数值越低，面料属性就会像丝绸一样垂顺感越好。如同真实面料一样，可以设置经纱和纬纱两个方向的弯曲强度。

访问路径：

【物体窗口】—【织物】【属性编辑器】—物理属性—细节—调整弯曲经向/纬向/斜向。

通过纬纱（水平）弯曲强度表现属性（图1-3-17）。

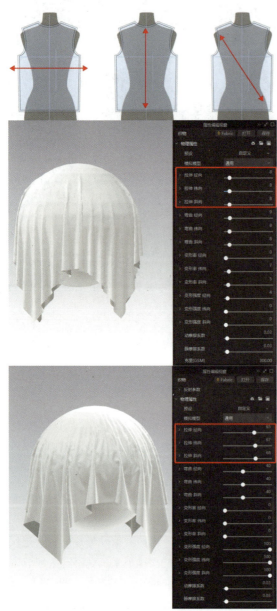

图1-3-16

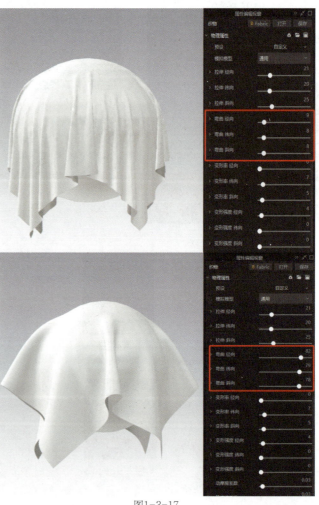

图1-3-17

3. 调整变形率经向/纬向/斜向

目的：用该功能反映在外力作用下，面料弯曲后的形态。

变形率越接近100%，其面料属性越容易弯曲，就如丝绸和针织衫。相反地，变形率越接近0%，面料弯曲性能越小，如牛仔布和羊毛一样。

访问路径：

【物体窗口】—【织物】【属性编辑器】—物理属性—细节—调整变形率经向/纬向/斜向（图1-3-18）。

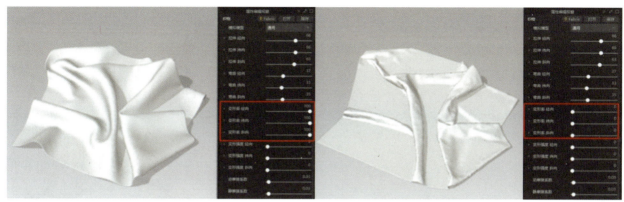

图1-3-18

4. 调整变形强度经向/纬向/斜向

目的：调整变形强度的百分比来决定织物各个角的弯曲强度，一般和弯曲强度-纬向/经向一起使用。比如，当弯曲强度值为60时，输入变形强度为80，面料弯曲部分的实际强度是80%，也就是48。换言之，变形强度越高，面料棱角越不易弯曲，相反地，变形强度越低，面料越容易弯曲。

访问路径：

【物体窗口】—【织物】【属性编辑器】—物理属性—细节—调整变形强度经向/纬向/斜向（图1-3-19）。

注意：

（1）变形率和变形强度需搭配使用，只调节其中之一没有变形效果。

（2）变形强度用于对部分褶皱进行细化处理。

5. 调整动摩擦系数/静摩擦系数

目的：此功能用于调节服装摩擦力。只有服装和服装之间的摩擦受影响。

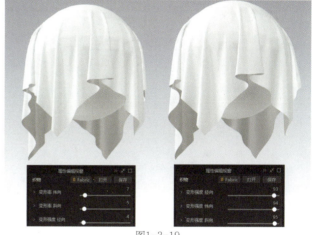

图1-3-19

访问路径：

【物体窗口】—【织物】【属性编辑器】—物理属性—细节—调整动摩擦系数/静摩擦系数（图1-3-20）。

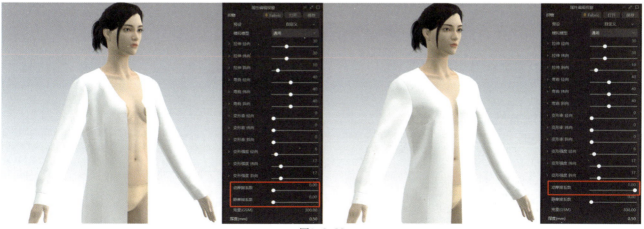

图1-3-20

模块二
T恤与短裤

项目一　圆领落肩T恤与高腰短裤

任务1：圆领落肩T恤与高腰短裤效果图

款式特征概述：

　　此款式为圆领落肩T恤搭配高腰短裤。H型；圆领，前胸配三角形拼接装饰；一片袖；衣身底摆和袖口做拼接设计。高腰短裤；前后裤片腰部收省，压明线装饰；裤口做拼接设计。

任务2：圆领落肩T恤与高腰短裤CAD纸样绘制

一、圆领落肩T恤

（一）确定尺寸，制定规格尺寸表

　　分析款式造型要求，根据款式图确定成衣的长度和围度规格尺寸，整理绘制好规格尺寸表（表2-1-1）。

表 2-1-1

部位	衣长	胸围	肩宽	袖长
尺寸（厘米）	36	100	48	19

（二）绘制前后片

第一步：导入CAD原型衣片

选择【工艺图库】 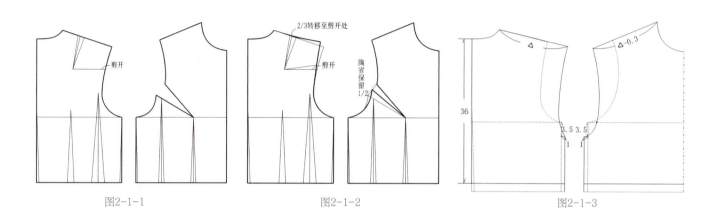工具。在空白处点击左键从储存资源的文件库中调出绘制好的女装原型文件（图2-1-1）。选择【旋转复制】工具，根据款式特征进行省转移、调整原型（图2-1-2）。（备注：旋转复制工具快捷键"CTRL+B"。）

第二步：完成框架图

选择【智能笔】工具，按住【Shift键】右击选定在原型的基础上需要调整长度的线条——衣长、肩宽、胸围线、下摆线，输入需要调整的长度数值。（备注：智能笔工具快捷键"F"。）运用【设置线类型和颜色】工具，【线颜色】选择黑色，【线类型】选择虚线，标示处理后的原型（图2-1-3）。

图2-1-1　　　　　　　　图2-1-2　　　　　　　　图2-1-3

第三步：完成结构图外轮廓

选择【智能笔】工具，按住【Shift键】右击选定下平线，结合款式图放合适的摆量及起翘量。选择【合并调整】工具调整下摆起翘量（备注：合并调整工具快捷键"N"。）运用【文字】工具，标注好相关数值。运用【移动旋转复制】工具，调整好前后袖窿弧线和前后领圈弧线的曲度（图2-1-4）。（备注：移动旋转复制工具快捷键"J"。）

第四步：绘制内部结构

选择【智能笔】工具，结合款式图进行前下摆拼色条结构设计，确定拼色条的规格尺寸。【设置线类型和颜色】工具，【线颜色】选择黑色，【线类型】选择粗实线，标示出前后片外轮廓和部位轮廓（图2-1-5）。

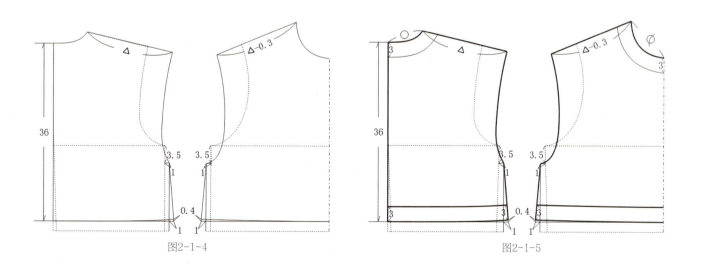

图2-1-4　　　　　　　　　　　　　　图2-1-5

（三）绘制袖片、零部件（图2-1-6）

1. 绘制袖片

选择【智能笔】🖊工具，确定袖长、袖山高和袖口尺寸，选择【长度比较】🖍工具，量取衣片前后袖窿弧线长度。（备注：长度比较工具快捷键"R"。）运用【圆规】🅰工具，以衣片前后袖窿弧线长度为参考确定好袖肥。（备注：圆规工具快捷键"C"。）运用【调整工具】🖱工具，调整袖口线，袖缝拼合后袖口圆顺。（备注：调整工具快捷键"A"。）

2. 绘制领贴

选择【智能笔】🖊工具，长按左键拖动确定领贴宽度。选择【成组复制/移动】🔳工具，从前、后领圈上将前、后领贴的造型移动复制出来。（备注：成组复制/移动工具快捷键"G"。）运用【移动旋转复制】🏠工具，将前后领贴连接并调整好弧线的曲度。

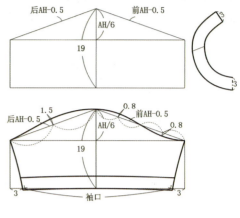

图2-1-6

（四）结构图排版

选择【成组复制/移动】🔳工具，将各结构图复制并移动，排好完整结构图版面。运用【布纹线】🧵工具，标示好各部件纱向，并用【文字】🔤工具，标注好相关结构图信息（图2-1-7）。

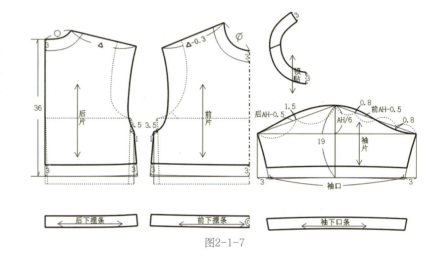

图2-1-7

（五）裁片排料

选择【剪刀】✂工具，按结构图裁剪样版，并识别出内部结构线。（备注：剪刀工具快捷键"W"。）运用【缝份】🧵工具，核对好各部位缝份。运用【布纹线】🧵工具，确定各部件纱向，做好纸样信息。运用【剪口】🧵工具，做好领袖等关键位置对刀位。在排料时要做到节约用料（图2-1-8）。

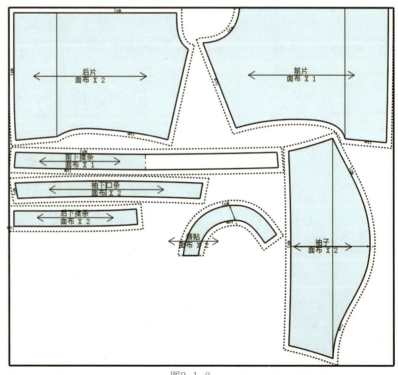

图2-1-8

二、高腰短裤

（一）确定尺寸，制定规格尺寸表

分析款式造型要求，根据款式图确定裤子的长度和围度规格尺寸，整理绘制好规格尺寸表（表2-1-2）。

表 2-1-2

部位	裤长	腰围	臀围	前裆深	脚口
尺寸（厘米）	41	65	96	33	64

（二）绘制前后片

第一步：完成框架图

选择【智能笔】 工具，定好裤长、臀围、前后裆宽等尺寸（图2-1-9）。

第二步：完成结构图外轮廓

运用【等分规】 工具，二等分画好前后裤中线。（备注：等分规工具快捷键"D"。）选择【智能笔】 工具，根据款式造型和腰围尺寸确定腰省的位置及大小。运用【调整工具】 工具，调整前后裆线。运用【文字】 工具，标注好相关数值（图2-1-10）。

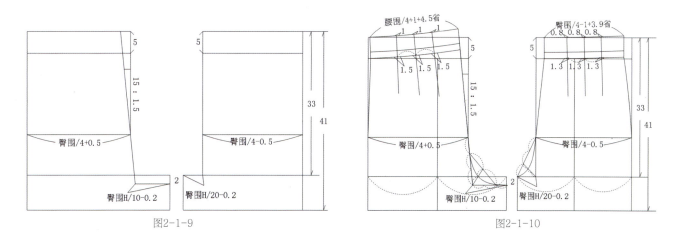

图2-1-9　　　　　　　　　　　　　　　图2-1-10

第三步：绘制内部结构

选择【智能笔】 工具，完成腰省的结构设计，长按左键拖动确定裤脚口拼色条宽度。运用【调整工具】 工具，调好前后侧缝线、分割线的曲度。运用【设置线类型和颜色】 工具，【线颜色】 选择黑色，【线类型】 选择粗实线，标示出外轮廓和部位轮廓（图2-1-11）。

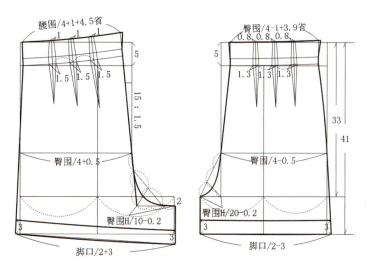

图2-1-11

（三）绘制零部件

运用【移动旋转复制】🔄工具，将腰省合并，完成前、后腰头贴。选择【成组复制/移动】⊟⊟工具，从前裤片上将腰头贴移动复制出来（图2-1-12）。

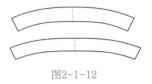

图2-1-12

（四）结构图排版

选择【成组复制/移动】⊟⊟工具，将各结构图复制并移动，排好完整结构图版面。运用【布纹线】🖊工具，标示好各部件纱向，并用【文字】T工具，标注好相关结构图信息（图2-1-13）。

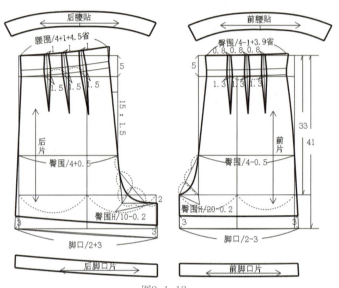

图2-1-13

（五）裁片排料

选择【剪刀】✂工具，按结构图裁剪样版，并识别出内部结构线。运用【缝份】工具，核对好各部位缝份。运用【布纹线】🖊工具，确定各部件纱向，填写好纸样信息。运用【剪口】工具，做好臀围线、省等关键位置对刀位。在排料时要做到节约用料（图2-1-14）。

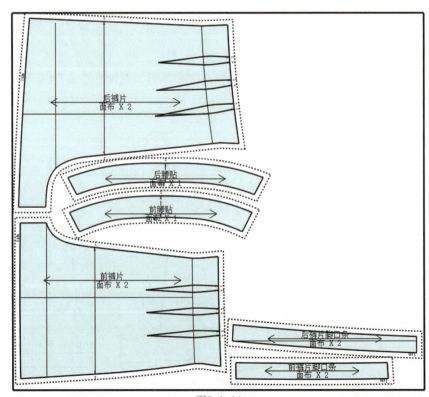

图2-1-14

任务3：圆领落肩T恤与高腰短裤3D效果展示步骤

（一）导入版片

第一步：导入版片文件

执行【文件】—【导入】 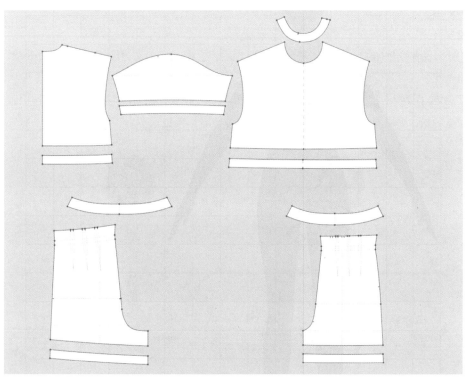 —【导入DXF】命令，导入制图软件中T恤、短裤版片，并按照图2-1-15的形式将版片进行摆放。

图2-1-15

第二步：整理2D窗口版片（图2-1-16）

1.根据款式要求，整理T恤与短裤版片。执行【编辑版片】 ■ 命令，选择衣片后中心线，右击选择【边缘对称】命令，生成版片另一半。

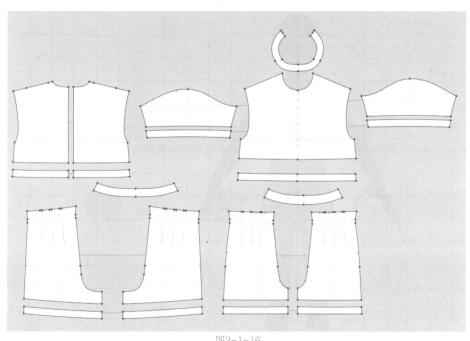

图2-1-16

2.按住【Shift键】选择袖子、袖克夫、前裤片、后裤片及裤片分割版片，右击选择【克隆对称版片（版片和缝纫线）】，生成对称的联动版片。（备注：分别选择需要生成的对称版片后，按住快捷键"Ctrl+D"也可以生成对称的联动版片。）

3.根据2D窗口模特的摆放位置，将所有版片以缝纫方便的原则摆放好位置。同时，在3D窗口，右键选择"按照2D位置重置版片"，将3D窗口中的版片也进行相应的位置调整和摆放。

（二）圆领落肩T恤建模

第一步：安排版片

注：T恤建模时，选择裤子所有的版片，然后右键—冷冻，右键—【隐藏3D版片】，或按快捷键"Shift+Q"，将裤子所有的版片隐藏起来。

在3D窗口中，点击【模特】 —【安排点】 ，打开模特安排点，点击2D窗口中版片，按照版片在人体的位置，分别选择模特上对应的点，完成圆领落肩T恤所有版片的安排（图2-1-17）。

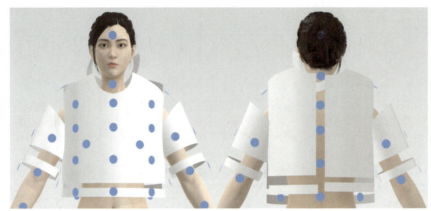

图2-1-17

第二步：版片假缝

点击【开始】—【线缝纫】 /【自由缝纫】 工具，按照款式的结构关系，在2D窗口或者3D窗口，依次点击假缝位置，将前片、后片、袖子、袖克夫、领贴进行假缝（图2-1-18、图2-1-19）。（注意假缝的先后顺序没关系，但线条的对应关系不能扭曲，可以在3D窗口进行检查。）

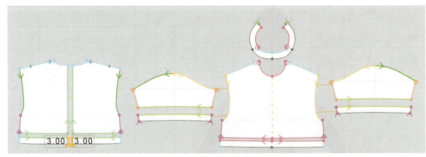

图2-1-18

图2-1-19

第三步：初步模拟与调整

选择圆领落肩T恤所有版片后，右键点击【硬化】，按空格键，开始模拟。模拟过程中可以拉拽面料，使衣身保持平衡（图2-1-20）。

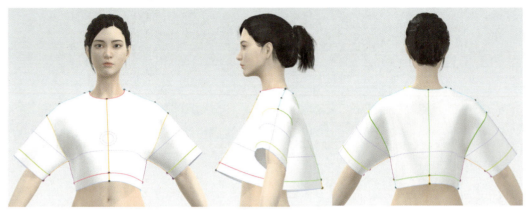

图2-1-20

（三）高腰短裤建模

注：裤子建模时，选择圆领落肩T恤所有的版片，然后右键—冷冻，右键—【隐藏3D版片】，或按快捷键"Shift+Q"，将裤子所有的版片隐藏起来。

第一步：安排版片

在3D窗口中，点击【模特】![]—【安排点】![]，打开模特安排点，点击2D窗口中版片，按照版片在人体的位置，分别选择模特上对应的点，依次完成高腰短裤所有版片的安排（图2-1-21）。

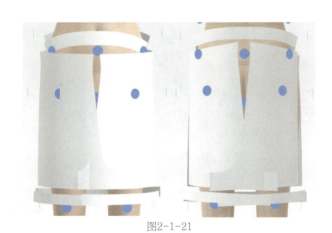

图2-1-21

第二步：版片假缝

1.选在前后裤片的省道位置，在开始菜单栏，选择【勾勒轮廓】![]工具，按住【Shift键】，依次点选每一条省线，右键选择【勾勒位内部线/图形】。对于不能勾勒的线，则将不重合的点调整到一个位置，再进行勾勒（图2-1-22）。将所有的省线勾勒完后，右键选择【剪切并缝纫】，然后删除切出来的省道形状（图2-1-23）。

图2-1-22   图2-1-23

2. 在菜单栏中，点击【开始】—【线缝纫】 📷 /【自由缝纫】 🔄 工具，在2D窗口或者3D窗口，按照款式的缝纫关系，依次点击假缝位置，将省道、前裤片、后裤片、脚口贴边、腰头进行假缝（图2-1-24）。

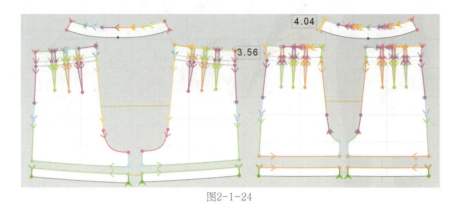

图2-1-24

第三步：初步模拟与调整

将裤子所有版片选择后，右键点击【硬化】，按空格键，开始模拟。模拟过程中可以拉拽面料，使衣身保持平衡（图2-1-25）。

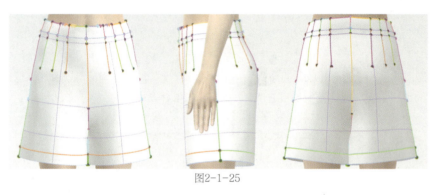

图2-1-25

第四步：工艺细节处理

1. 选择【素材】—【拉链】 🔲 工具，从前裤片腰侧点一直拉到臀侧点双击，然后从后裤片腰侧点一直拉到后片臀侧点双击，完成右侧拉链的添加与缝制（图2-1-26）。

2. 选择拉链，在属性编辑视窗中，按照下图数值，调整拉链中的布带宽度、布带厚度尺寸，并对拉头、拉止进行相应的调整（图2-1-27）。

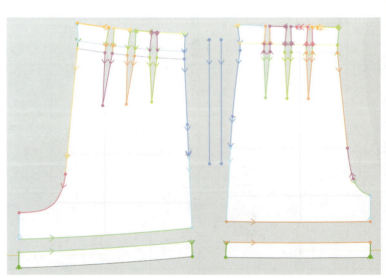

图2-1-26   图2-1-27

第五步：全套模拟

注：在3D窗口，右键—【显示所有版片】，或按快捷键"Shift+C"，将之前隐藏的所有版片显示出来（图2-1-28）。

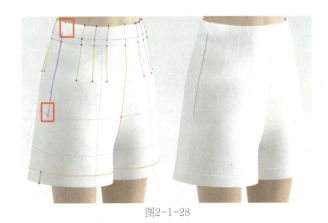

图2-1-28

1.在3D窗口，服装处于模拟状态下，选择【资源库】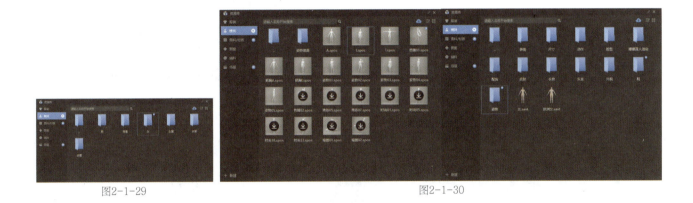—【模特】—【女】—【姿势】—【L.spos】，将人体进行姿势的调整（图2-1-29、图2-1-30）。

图2-1-29　　　　　　　　　　　　　　　　　图2-1-30

2.选择圆领落肩T恤的领贴和裤子的腰头版片，在【属性编辑视窗】中勾选粘衬，选择合适的类型进行粘衬处理（图2-1-31）。

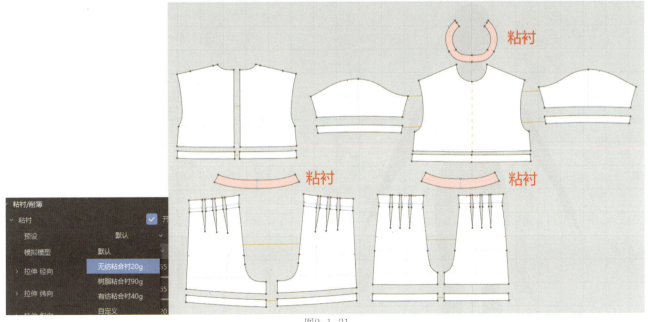

图2-1-31

3.调整好人体姿态、平衡好服装关系后，在3D窗口选择【颜色】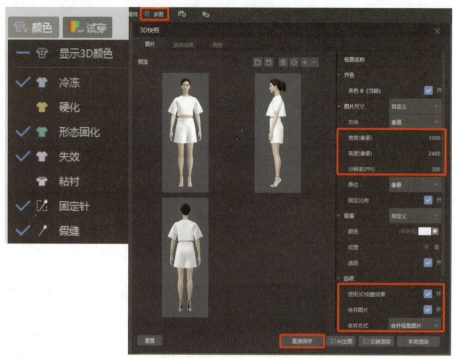，将硬化和粘衬前面的勾取消，然后在2D窗口选择【工具】—【离线渲染】工具，在弹出的界面中，选择多图，并按照图2-1-32中数值进行相应设置，然后点击直接保存，得到整体模拟图（图2-1-33）。

图2-1-32

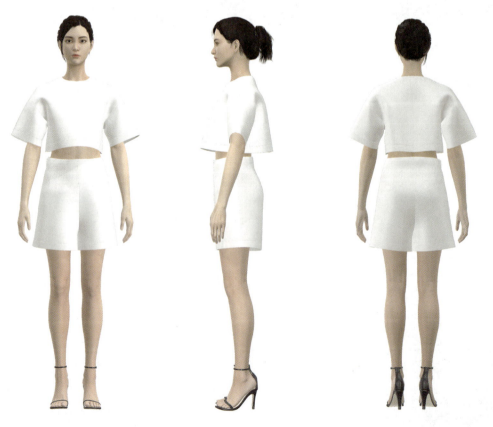

图2-1-33

（四）数字面辅料设置

第一步：面料设置

1. 面料选择

选择【资源库】 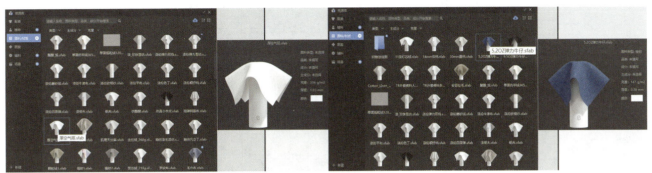 【面料/材质】，挑选合适的T恤、裤子面料（厚空气层）和拼边面料（5.20Z弹力牛仔）。双击添加面料到场景视窗中（图2-1-34）。

图2-1-34

2. 填充面料（图2-1-35）

（1）在2D窗口或者3D窗口，选择T恤版片，在场景视窗中【当前】【织物】 中右击"T恤、裤子面料"，选择【应用到选中版片】。（注意选择面料的时候可以框选面料，也可以按住【Shift键】依次点选。）

（2）在面料属性编辑器，添加扫描面料的法线帖图，使面料具有层次感，模拟，观察填充面料的效果，可以在属性编辑器调整面料属性。（参考模块一面料属性调节。）

图2-1-35

第二步：辅料

1.明线：点击【素材】—【线段明线】/【自由明线】工具，点击默认明线，在【属性编辑视窗】中，设置明线的数据（图2-1-36），在2D窗口或者3D窗口，按照款式特点，在裤子省道位置加上合适的明线（图2-1-37、图2-1-38）。

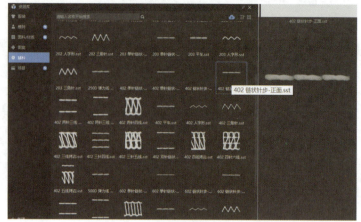

图2-1-36

图2-1-37　　　　　　　　　　　　　　　　　　图2-1-38

2.拉链：选中拉链，在属性编辑栏中点击【编辑拉链样式】，将拉齿、拉头、布带的颜色改成与裤子一致的颜色（图2-1-39）。

图2-1-39

3.装饰：选择【笔】工具，在前版片上绘画出三角形。用【编辑版片】工具选择三角形，右键选择【克隆为版片】，生成三角形版片，然后用【线缝纫】工具进行缝合，同时在3D窗口选择三角形版片，右键选择【移动到】—【移动到外面】，并按照上衣面料填充的方法将三角形装饰进行面料相关的设置（图2-1-40）。

图2-1-40

（五）渲染与展示

选择所有版片，在【属性编辑视窗】中进行颜色、效果的调整，然后将"粒子间距"调整为"8~10"（小的零部件可以将数字调成小于5）。选择【工具】—【离线渲染】 ▶️ ，选择多图形式，弹出【3D快照】，在【图片】中，按照视图中的尺寸进行调整（图2-1-41），然后点击【本地渲染】，生成展示图片（图2-1-42）。

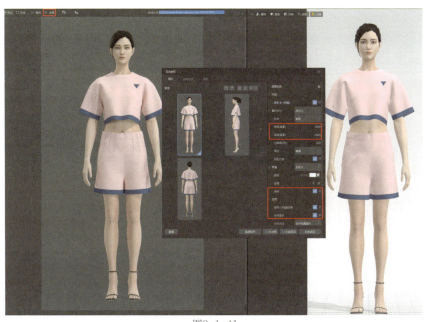

图2-1-41

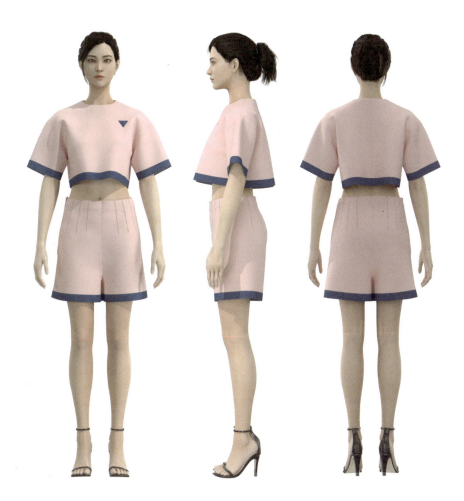

图2-1-42

项目二　POLO衫与分割短裤

任务1：POLO衫与分割短裤效果图

款式特征概述：

此款式为POLO衫搭配分割短裤。H型，前短后长；立翻领；
左胸处设装饰口袋；一片袖；领子、口袋和袖口嵌条包边做
装饰设计。A型短裤；前后片沿腰省竖向分割；前中连腰设计，
六粒扣；前片左右各设一挖袋。

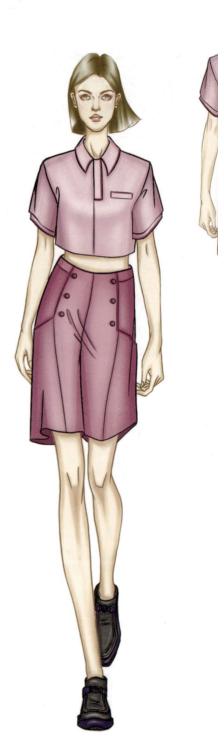

任务2：POLO衫与分割短裤CAD纸样绘制

一、POLO衫

（一）确定尺寸，制定规格尺寸表

　　分析款式造型要求，根据款式图确定成衣的长度和围度规格尺寸，整理绘制好规格尺寸表（表2-2-1）。

表2-2-1

部位	衣长	胸围	肩宽	袖长
尺寸（厘米）	45	96	43	22

（二）绘制前后片

第一步：导入CAD原型衣片

选择【工艺图库】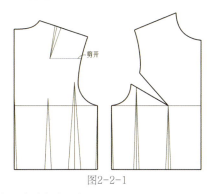工具。在空白处点击左键从储存资源的文件库中调出绘制好的女装原型文件（图2-2-1）。选择【旋转复制】工具，根据款式特征进行省转移、调整原型（图2-2-2）。

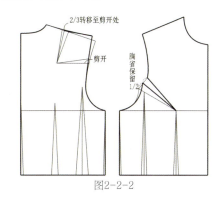

图2-2-1　　　　　　　　　　　　　　　　　图2-2-2

第二步：完成框架图

选择【智能笔】工具，按住【Shift键】右击选定在原型的基础上需要调整长度的线条——衣长、肩宽、胸围线、下摆线，输入需要调整的长度数值。选择【对称复制】工具，点击前中线，复制出左前片，将前片整片显示。（备注：对称复制工具快捷键"K"。）运用【设置线类型和颜色】工具，【线颜色】选择黑色，【线类型】选择虚线，标示处理后的原型（图2-2-3）。

第三步：完成结构图外轮廓

选择【圆角】工具，结合款式图画好下摆圆角造型。运用【文字】工具，标注好相关数值。运用【移动旋转复制】工具，调整好前后袖窿弧线和前后领圈弧线的曲度（图2-2-4）。

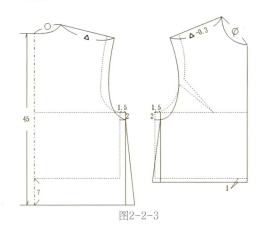
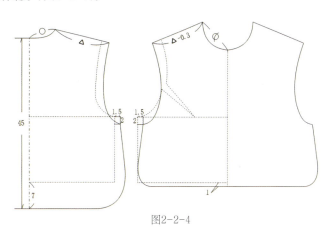

图2-2-3　　　　　　　　　　　　　　　　图2-2-4

第四步：绘制内部结构

选择【智能笔】工具，结合款式图进行前门襟和手巾袋的结构设计，确定好门襟和手巾袋的规格尺寸。运用【设置线类型和颜色】工具，【线颜色】选择黑色，【线类型】选择粗实线，标示出前后片外轮廓和部位轮廓（图2-2-5）。

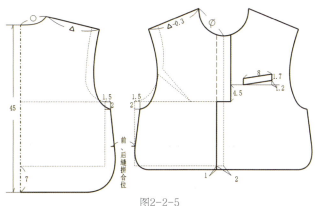

图2-2-5

（三）绘制袖片、零部件（图2-2-6）

1. 绘制袖片

选择【智能笔】![pen]工具，确定袖长、袖山高和袖口尺寸，选择【长度比较】![tool]工具，量取衣片前后袖窿弧线长度。运用【圆规】![compass]工具，以衣片前后袖窿弧线长度为参考确定好袖肥。运用【调整工具】![arrow]工具，调整袖口线，袖缝拼合后袖口圆顺。

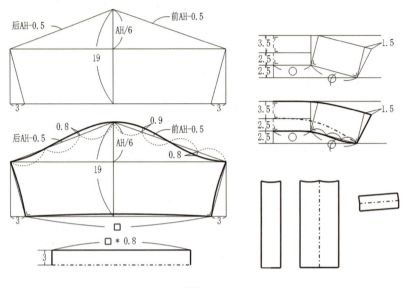

图2-2-6

2. 绘制领片

选择【长度比较】![tool]工具，量取衣片前后领圈弧线长度。运用【智能笔】![pen]工具，确定领座、翻领高度及领角长度，运用【圆规】![compass]工具，参考前后领圈弧长画好领底弧线。运用【调整工具】![arrow]工具，调整领底弧线和外领弧线，完成领片结构。

3. 绘制其他零部件

运用【智能笔】![pen]工具，参考袖口长度画好袖级。选择【成组复制/移动】![tool]工具，从前衣片上将门襟和手巾袋的造型移动复制出来。选择【对称复制】![tool]工具，点击对称线，完成里襟和手巾袋结构。

（四）结构图排版

选择【成组复制/移动】![tool]工具，将各结构图复制并移动，排好完整结构图版面。运用【布纹线】![tool]工具，标示好各部件纱向，并用【文字】![T]工具，标注好相关结构图信息（图2-2-7）。

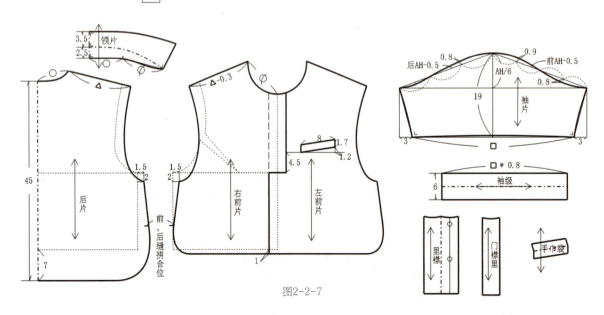

图2-2-7

（五）裁片排料

选择【剪刀】✂工具，按结构图裁剪样版，并识别出内部结构线。运用【缝份】🧵工具，核对好各部位缝份。运用【布纹线】📐工具，确定各部件纱向，做好纸样信息。运用【剪口】✄工具，做好领袖等关键位置对刀位。在排料时要做到节约用料（图2-2-8）。

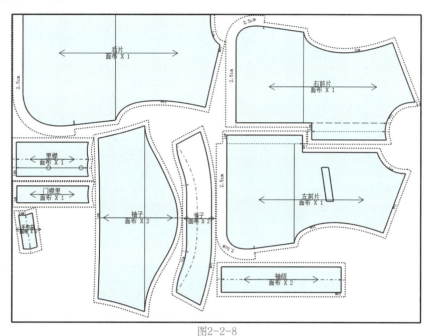

图2-2-8

二、分割短裤

（一）确定尺寸，制定规格尺寸表

分析款式造型要求，根据款式图确定裤子的长度和围度规格尺寸，整理绘制好规格尺寸表（表2-2-2）。

表 2-2-2

部位	裤长	腰围	臀围	脚口
尺寸（厘米）	43	65	96	67

（二）绘制前后片

第一步：完成框架图

选择【智能笔】✏工具，定好裤长、臀围、腰围、前后裆宽等尺寸。运用【等分规】⟷工具，二等分画好前后裤中线（图2-2-9）。

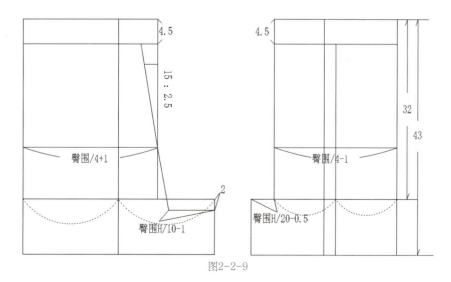

图2-2-9

第二步：完成结构图外轮廓

运用【调整工具】⬈工具，调整前后裆线。运用【文字】Ｔ工具，标注好相关数值（图2-2-10）。

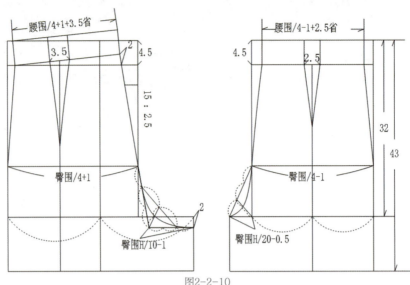

图2-2-10

第三步：绘制内部结构

选择【智能笔】✎工具，结合款式图进行前腰中部和口袋的结构设计，确定好连腰和口袋的规格尺寸。运用【圆弧】◠工具，按下【Shift键】鼠标变成圆的标志后画出纽扣。运用【调整工具】⬈工具，调好前后侧缝线、分割线的曲度。运用【设置线类型和颜色】▦工具，【线颜色】■选择黑色，【线类型】▬选择粗实线，标示出外轮廓和部位轮廓（图2-2-11）。

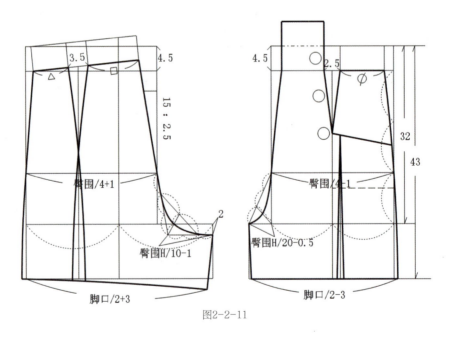

图2-2-11

（三）绘制零部件

运用【智能笔】✎工具，参考腰围尺寸绘制腰头。选择【成组复制/移动】🔠工具，从前裤片上将袋布移动复制出来（图2-2-12）。

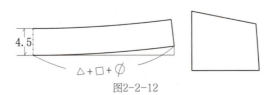

图2-2-12

（四）结构图排版

选择【成组复制/移动】⬚⬚工具，将各结构图复制并移动，排好完整结构图版面。运用【布纹线】🖊工具，标示好各部件纱向，并用【文字】🔲工具，标注好相关结构图信息（图2-2-13）。

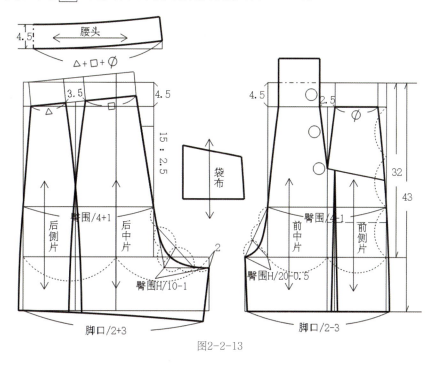

图2-2-13

（五）裁片排料

选择【剪刀】✂工具，按结构图裁剪样版，并识别出内部结构线。运用【缝份】🔲工具，核对好各部位缝份。运用【布纹线】🖊工具，确定各部件纱向，填写好纸样信息。运用【剪口】🖼工具，做好臀围线、口袋等关键位置对刀位。在排料时要做到节约用料（图2-2-14）。

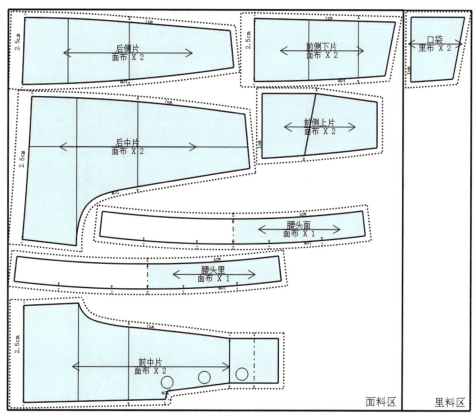

图2-2-14

任务3：POLO衫与分割短裤3D效果展示步骤

（一）导入版片

第一步：导入版片文件

执行【文件】—【导入】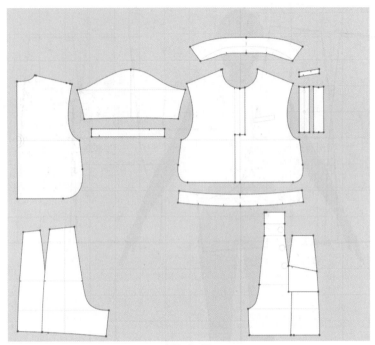—【导入DXF】命令，导入制图软件中POLO衫、分割短裤版片，并按照图2-2-15的形式将版片进行摆放。

图2-2-15

第二步：整理2D窗口版片（图2-2-16）

1.根据款式要求，整理POLO衫与短裤版片。执行【编辑版片】■命令，选择衣片后中心线，右击选择【边缘对称】命令，生成版片另一半。

2.按住【Shift键】选择袖子、袖克夫、前裤片、后裤片及裤片分割版片，右击选择【克隆对称版片（版片和缝纫线）】，生成对称的联动版片。（备注：分别选择需要生成的对称版片后，按住快捷键"Ctrl+D"也可以生成对称的联动版片。）

3.根据2D窗口模特的摆放位置，将所有版片以缝纫方便的原则摆放好位置。同时，在3D窗口，右键选择"按照2D位置重置版片"，将3D窗口中的版片也进行相应的位置调整和摆放。

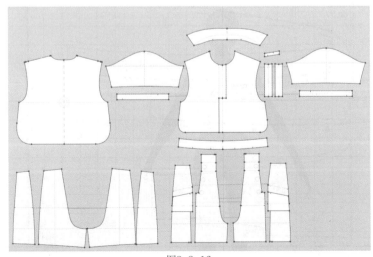

图2-2-16

（二）POLO衫建模

第一步：安排版片

注：POLO衫建模时，选择裤子所有的版片，然后右键—【隐藏3D版片】，或按快捷键"Shift+Q"，将裤子所有的版片隐藏起来。

在3D窗口中，点击【模特】 ![icon]—【安排点】 ![icon]，打开模特安排点，按照版片在人体的位置，分别选择模特上对应的点，完成POLO衫所有版片的安排（图2-2-17）。

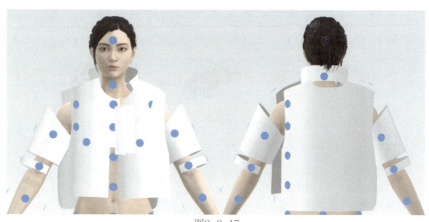

图2-2-17

第二步：版片假缝

1.在2D窗口，点击【开始】—【勾勒轮廓】 ![icon]工具，选择领子的翻折线、门襟的内部线、前片的口袋位，右键选择"勾勒位内部线/图形"（图2-2-18、图2-2-19）。

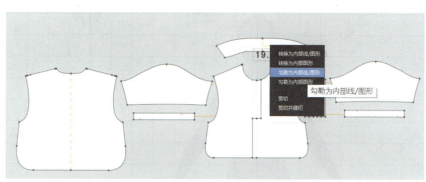

图2-2-18

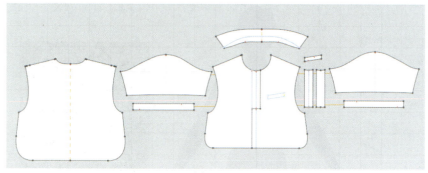

图2-2-19

2.点击【开始】—【线缝纫】 ![icon]/【自由缝纫】 ![icon]工具，按照款式的结构关系，在2D窗口或者3D窗口，依次点击假缝位置，将前片、后片、袖子、袖克夫、领子、门襟进行假缝（图2-2-20、图2-2-21）。（注意假缝的先后顺序没关系，但线条的对应关系不能扭曲，可以在3D窗口进行检查。）

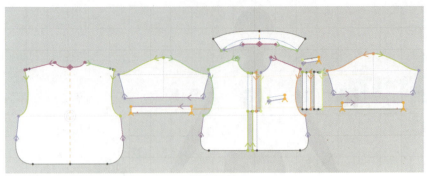

图2-2-20

图2-2-21

第三步：初步模拟与调整

将POLO衫所有版片选择后，右键点击【硬化】，按空格键，开始模拟。模拟过程中可以拉拽面料，使衣身保持平衡（图2-2-22）。

图2-2-22

第四步：细节处理

1.在2D窗口，点击【开始】—【编辑版片】▢工具，右键选择领子的翻折线，在弹出的对话框中，选择【生成等距内部线】，按图2-2-23所示进行翻折线的添加。添多几条翻折线是为了领子翻折得更顺畅。

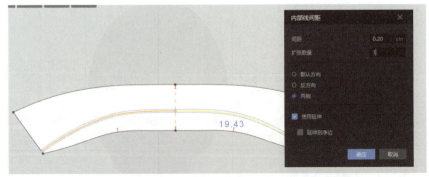

图2-2-23

2.选择翻折线后，在3D窗口右边的属性编辑视窗中，按照图示设置翻折线的折叠强度为60，折叠角度为300。同时右键领子，选择【硬化】，按空格键，领子快速完成翻折模拟（图2-2-24）。

图2-2-24

3.在2D窗口，点击【素材】—【纽扣】⬤和【扣眼】⚊工具，在门襟中线上右键，弹出对话框后，设定纽扣和扣眼相应的数值，完成纽扣和扣眼的添加（图2-2-25）。

4.在2D窗口，点击【素材】—【系纽扣】⬤工具，单击纽扣拉到相应的扣眼位置后单击，将纽扣系到相应的扣眼中（图2-2-26）。

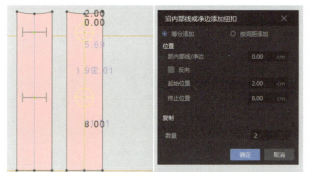

图2-2-25

图2-2-26

（三）分割短裤建模

注：裤子建模时，选择POLO衫所有的版片，然后右键—【隐藏3D版片】，或按快捷键"Shift+Q"，将裤子所有的版片隐藏起来。

第一步：安排版片

在3D窗口中，点击【模特】👤—【安排点】👥，打开模特安排点，按照版片在人体的位置，分别选择模特上对应的点，完成分割短裤所有版片的安排（图2-2-27）。（注意前裤片口袋布的摆放层次。）

第二步：版片假缝

1.在开始菜单栏，选择【勾勒轮廓】🔲工具，对一些结构线进行轮廓勾勒（图2-2-28）。

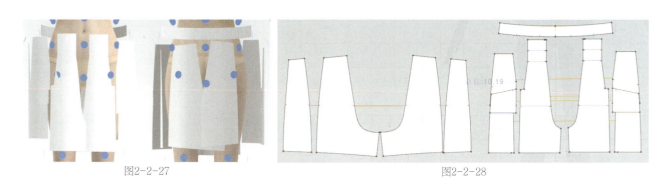

图2-2-27   图2-2-28

2.点击【开始】【线缝纫】⬛/【自由缝纫】⬛工具，在2D窗口或者3D窗口，按照款式的缝纫关系，依次点击假缝位置，将前裤片分割、侧缝、后裤片分割、侧缝、前后裆缝、腰头进行假缝（图2-2-29、图2-2-30）。（注意前裤片口袋的缝制关系。）

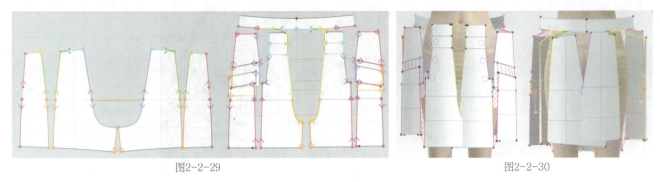

图2-2-29   图2-2-30

第三步：初步模拟与调整

检查完缝纫关系以后，将裤子所有版片选择后，右键点击【硬化】，按空格键，开始模拟。模拟过程中可以拉拽面料，使衣身保持平衡。

注：为了便于观察，可以右键选择裤子袋布版片进行【冷冻】，待裤片模拟稳定后再选择【解冻】，分步完成裤子的模拟（图2-2-31）。

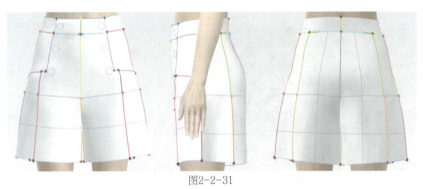

图2-2-31

第四步：工艺细节处理

1.在2D窗口，点击【素材】—【纽扣】![纽扣图标]工具，根据样版设计在合适的位置画上装饰纽扣（图2-2-32）。

2.添加侧边拉链（图2-2-33）。（具体方法与项目1中案例方法相同。）

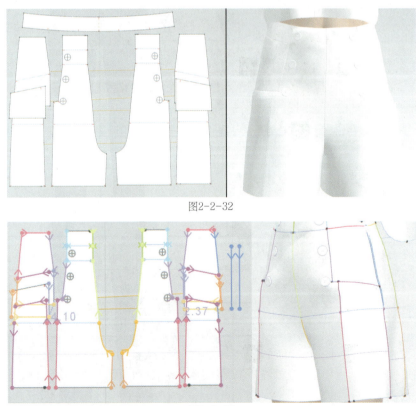

图2-2-32

图2-2-33

第五步：全套模拟

注：在3D窗口，右键—【显示所有版片】，或按快捷键"Shift+C"，将之前隐藏的所有版片显示出来。

1.在3D窗口，服装处于模拟状态下，选择【资源库】📦【模特】👤【女】【姿势】【L.spos】，调整人体姿势。

2.根据需要，选择需要粘衬的版片，在【属性编辑视窗】中勾选粘衬，选择合适的类型进行粘衬处理（图2-2-34）。

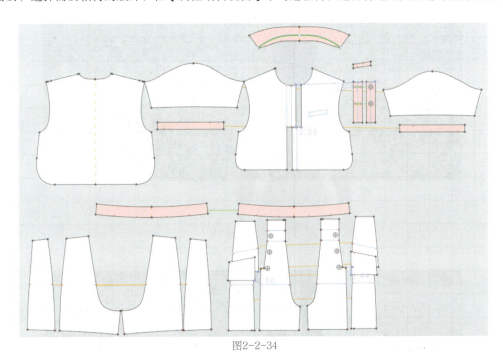

图2-2-34

3.调整好人体姿态、平衡好服装关系后，在3D窗口选择【颜色】🎨，将硬化和粘衬前面的勾取消。然后在2D窗口选择【工具】—【离线渲染】工具，在弹出的界面中，选择多图，并按照下图中数值进行相应设置，然后点击直接保存。得到整体模拟图（图2-2-35）。

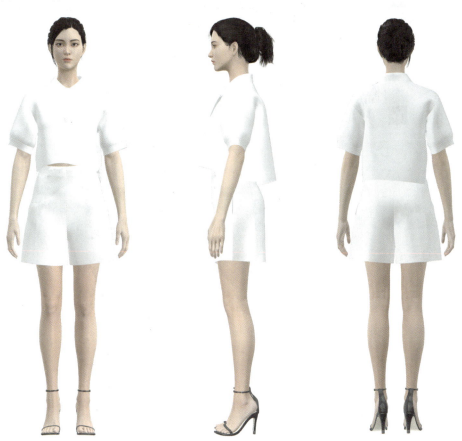

图2-2-35

（四）数字面辅料设置

第一步：面料设置

1.选择【资源库】 ▣ —【面料/材质】 ▨ —【织物法线图】—【棉】，挑选"弹力棉缎"作为POLO衫的面料。选择【资源库】 ▣ —【面料/材质】 ▨ ，挑选"麂皮空气层"作为分割短裤的面料（图2-2-36）。

图2-2-36

2.填充面料

（1）在2D窗口或者3D窗口，分别框选POLO衫和分割短裤的所有版片，将相应的面料拖到版片上，完成面料的填充。

（2）在面料属性编辑器，完成面料颜色、属性、效果等方面的处理（图2-2-37）。

图2-2-37

第二步：辅料

1.嵌线：选择【资源库】 ▣ —【织物】 ▨ ，点击右侧"+"添加一个织物，并取名为"嵌线"。然后在2D窗口，选择【素材】—【嵌条】 ▱ ，在需要嵌条的部位逐一画好。同时调整好嵌条的颜色（图2-2-38）。

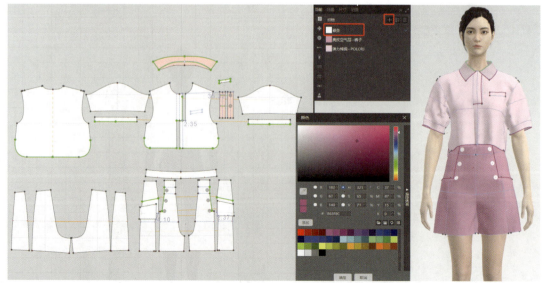

图2-2-38

2.纽扣：选择【资源库】  —【辅料】 ，点击右侧"+"添加一种纽扣样式为"立扣7"，单击立扣7，进入【属性编辑视窗】，调整扣子的厚度等数值，并选择"渲染类型"为"金属"，把颜色调整为需要的颜色（图2-2-39、图2-2-40）。

图2-2-39

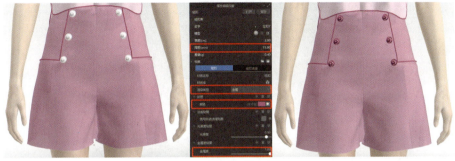

图2-2-40

（五）渲染与展示

1.在3D窗口，单击模特，进入【属性编辑视窗】，依次修改模特的动态、发型及鞋子样式、材质和颜色等。选择所有版片，在【属性编辑视窗】中进行颜色、效果的调整，然后将"粒子间距"调整为"8~10"（图2-2-41）（小的零部件可以将数字调成小于5）。

图2-2-41

2.选择【工具】—【离线渲染】 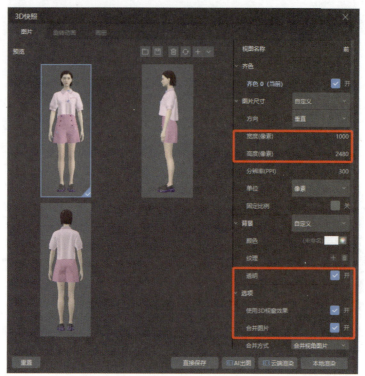 ，选择多图形式，弹出【3D快照】，在【图片】中，按照视图中的尺寸进行调整，然后点击【本地渲染】，生成展示图片（图2-2-42、图2-2-43）。

图2-2-42

图2-2-43

项目一　卫衣与百褶裙

任务1：卫衣与百褶裙效果图

款式特征概述：

　　此款式为休闲卫衣搭配百褶裙。H型；圆领，领口装罗纹；落肩袖，袖口装罗纹；下摆罗纹收口；前胸配有装饰性图案。装腰头百褶裙。

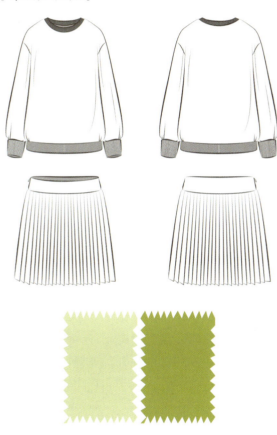

任务2：卫衣与百褶裙CAD纸样绘制

一、卫衣

（一）确定尺寸，制定规格尺寸表

　　分析款式造型要求，根据效果图、款式图确定成衣的长度和围度尺寸，绘制好规格尺寸表（表3-1-1）。

表3-1-1

部位	衣长	胸围	袖口
尺寸（厘米）	63	110	19

（二）绘制前后片

第一步：导入CAD原型衣片

选择【工艺图库】⊞工具。在空白处点击左键从储存资源的文件库中调出绘制好的女装原型文件。本次任务卫衣为宽松型，原型不做省处理（图3-1-1）。

第二步：完成框架图（图3-1-2）

选择【角度线】↗工具，根据款式效果确定落肩袖角度。选择【智能笔】✎工具，在原型的基础上根据款式效果绘制落肩长、领圈、袖窿深，按住【Shift键】右击选定在原型的基础上需要调整长度的线条——衣长、胸围线、下摆线，输入需要调整的长度数。结合款式图，画出前后插肩分割位弧线；运用【设置线类型和颜色】▦工具，【线颜色】■选择黑色，【线类型】━选择虚线，标示原型。

第三步：完成结构图外轮廓

选择【调整工具】↖工具，调整好前后片袖窿弧线、前后领圈弧线、插肩分割弧线。运用【文字】Ⓣ工具，标注好相关数值。运用【移动旋转复制】⬆工具，调整好前后袖窿弧线、前后领圈弧线的曲度。

第四步：绘制内部结构（图3-1-3）

选择【智能笔】✎工具，结合款式图，画出前后领圈线；运用【设置线类型和颜色】▦工具，【线颜色】■选黑色，【线类型】━选粗实线，标示出前后片外轮廓和部位轮廓。

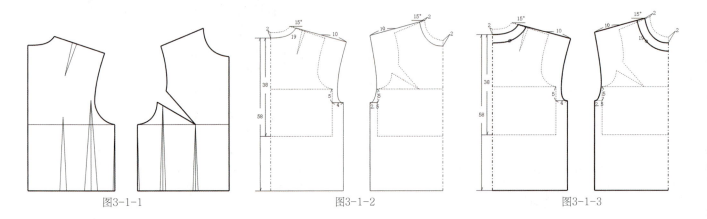

图3-1-1   图3-1-2   图3-1-3

（三）绘制袖片、零部件

1. 绘制袖片（图3-1-4）

选择【移动旋转复制】⬆工具，将前后袖窿复制出来，选择【旋转】工具，旋转成横向。运用【智能笔】✎工具，直线连接前后袖窿宽点、画袖中线定出袖长，选择【等分规】⊟工具，输入数字3，将前后袖窿弧线等分，在三分之一处做好标记。选择【比较长度】✎工具，量取前后袖窿点三分之一长度，运用【智能笔】✎工具，画长度相等的反向线作为袖肥，按袖口大小定好袖口大后连接袖肥。选择【等分规】⊟工具，输入数字3，将原袖山深等分，选择【比较长度】✎工具，量取三分之一长度，运用【智能笔】✎工具，按住【Shift键】右击选定袖中线，输入三分之一数据，上抬袖中线并画好袖山弧线。运用【调整工具】↖工具，调整好袖山弧线。选择【长度比较】✎工具，比较袖窿弧线长度、袖山弧线长度是否匹配，确认无误后，运用【设置线类型和颜色】▦工具，【线颜色】■选黑色，【线类型】━选粗实线，标示袖片结构轮廓线。

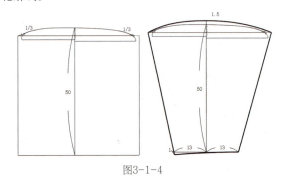

图3-1-4

2. 绘制其他零部件（图3-1-5）

运用【智能笔】 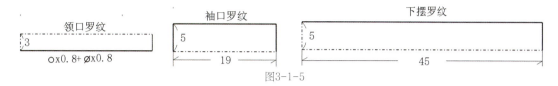工具，参考袖口长度画好袖克夫。选择【长度比较】工具，量取前后领圈长度，根据罗纹弹力，按80%比例，画出罗纹领。运用【设置线类型和颜色】工具，【线颜色】选黑色，【线类型】选粗实线，标示袖克夫、领结构轮廓线。（备注：不同罗纹弹力不同，根据选择的罗纹设定伸缩比例确定袖口和领圈罗纹的大小。）

图3-1-5

（四）结构图排版（图3-1-6）

选择【成组复制/移动】工具，将各结构图复制并移动，排好完整结构图版面。运用【布纹线】工具，标示好各部件纱向；并用【文字】工具，标注好相关结构图信息。

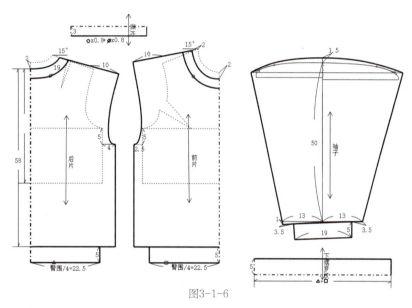

图3-1-6

（五）裁片排料（图3-1-7）

选择【剪刀】工具，按结构图裁剪样版，并识别出内部结构线。运用【布纹线】工具，确定各部件纱向，做好纸样信息。运用【剪口】工具，做好衣身、领袖等关键位置对刀位。在排料时要做到节约用料。

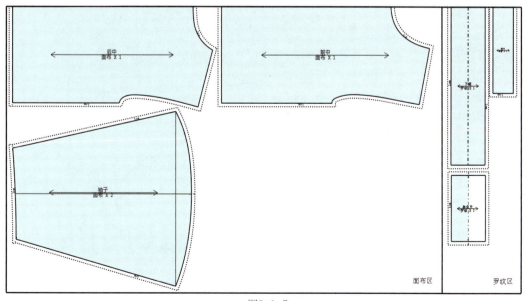

图3-1-7

二、百褶裙

（一）确定尺寸，制定规格尺寸表

分析款式造型要求，根据款式图确定裙子的长度和围度尺寸，整理绘制好规格尺寸表（表3–1–2）。

表 3–1–2

部位	裙长	臀围	腰围
尺寸（厘米）	43	98	68

（二）绘制前后片

第一步：完成框架图（图3–1–8）

选择【智能笔】工具，定好裙长、臀围线、腰围、等尺寸。按住【Shift键】右击选定底边线，输入需要加大的摆量并连接腰围到底边。运用【等分规】工具，输入数字2，将底边等分；选择【智能笔】工具，画好底边线。

运用【调整工具】工具，调整裙片侧缝线、底边线。运用【设置线类型和颜色】工具，【线颜色】选择黑色，【线类型】选点划线，标示裙中线。选择【复制对称】工具，选择中线对称，将裙片做成整片。运用【文字】工具，标注好相关数值。

第二步：绘制内部结构（图3–1–9）

选择【智能笔】工具，结合款式图进行裙片褶的结构设计，运用【展开/去除余量】工具，绘制百褶。在菜单数据里，褶线条数输入30、上端展开输入2、下端展开输入2，绘制百褶。运用【设置线类型和颜色】工具，【线颜色】选择黑色，【线类型】选粗实线，标示出外轮廓。

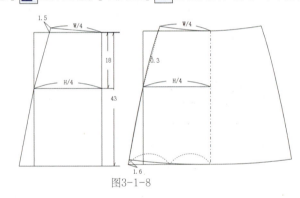

1.5
W/4
18
H/4
43
W/4
0.3
H/4
1.6
图3–1–8

褶展开:
1. 刀褶
2. 褶量30
3. 上下各展开2
4. 褶线数目3
图3–1–9

（三）绘制零部件

运用【智能笔】工具，参考腰围尺寸绘制腰头。

褶展开:
1. 刀褶
2. 褶量30
3. 上下各展开2
4. 褶线数目3
图3–1–10

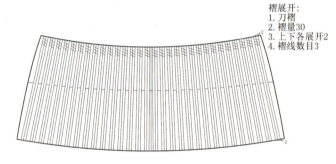

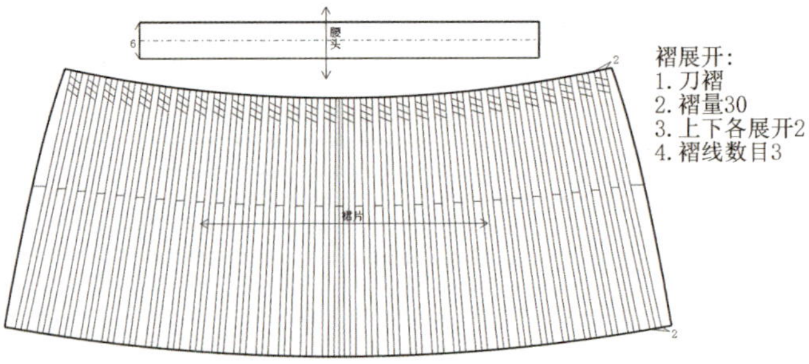

（四）结构图排版

选择【成组复制/移动】工具，将各结构图复制并移动，排好完整结构图版面。运用【布纹线】工具，标示好各部件纱向，并用【文字】工具，标注好相关结构图信息（图3–1–10）。

（五）裁片排料

选择【剪刀】工具，按结构图裁剪样版，并识别出内部结构线。运用【布纹线】工具，确定各部件纱向，填写好纸样信息。运用【剪口】工具，做好关键位置对刀位。在排料时要做到节约用料（图3–1–11）。

面料区
图3–1–11

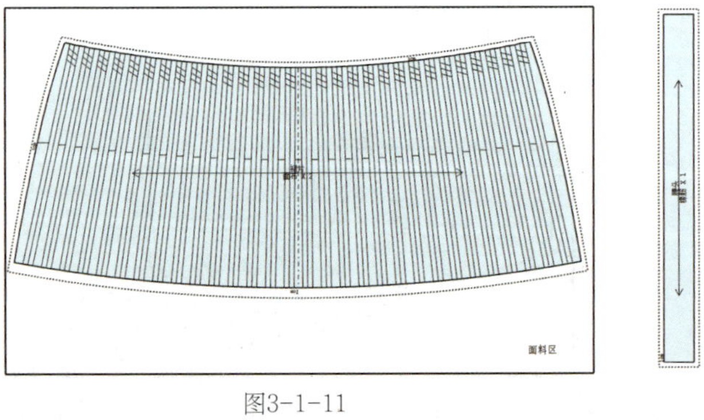

任务3：卫衣与百褶裙3D效果展示步骤

（一）导入版片

第一步：导入版片文件

执行【文件】—【导入】 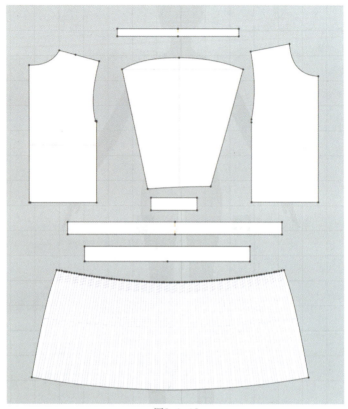—【导入DXF】命令，导入平面制图软件中卫衣与百褶裙版片，并按照图3-1-12的形式将版片进行摆放。

图3-1-12

第二步：整理2D窗口版片

1.根据款式要求，整理卫衣与百褶裙版片。执行【编辑版片】 命令，选择前中心线，右击选择【边缘对称】命令，生成版片另一半（图3-1-13）。

2.执行【选择】命令，按住【Shift键】选择袖片、袖口，右击选择【克隆对称版片（版片和缝纫线）】。生成左片袖子版片。

3.执行【选择】命令，选择百褶裙版片，右击【复制】、【粘贴】命令，生成百褶裙后片版片。

4.按照2D窗口中模特摆放位置，将所有版片，排列好位置。在3D窗口，右键选择"按照2D位置重置版片"，将3D窗口中的版片也进行相应的位置调整和摆放（图3-1-14）。

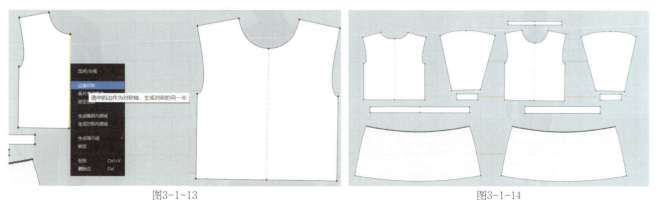

图3-1-13   图3-1-14

（二）卫衣建模

第一步：安排版片

在3D窗口中，点击【模特】![icon]—【安排点】![icon]，打开模特安排点，按照版片在人体的位置，分别选择模特上对应的点，依次完成卫衣所有版片的安排（图3-1-15）。

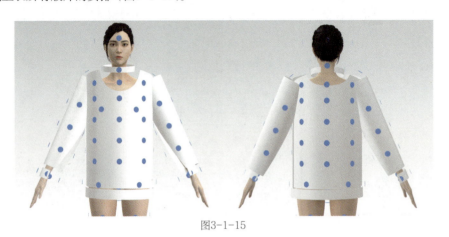

图3-1-15

第二步：版片假缝

在菜单栏中，点击【开始】—【线缝纫】![icon]/【自由缝纫】![icon]工具，在2D窗口或者3D窗口，按照款式的结构关系，依次点击假缝位置，将前片、后片、袖子、袖口罗纹、领子、底边罗纹进行假缝（图3-1-16）。（注意假缝的先后顺序没关系，但线条的对应关系不能扭曲，可以在3D窗口进行检查。）

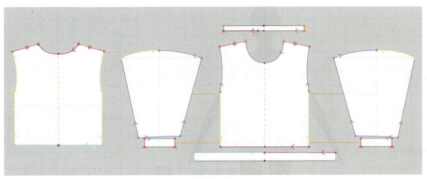

图3-1-16

第三步：初步模拟与调整

将卫衣所有版片选择后，右健点击【硬化】，按空格键，开始模拟。模拟过程中可以拉拽面料，使衣身保持平衡（图3-1-17）。

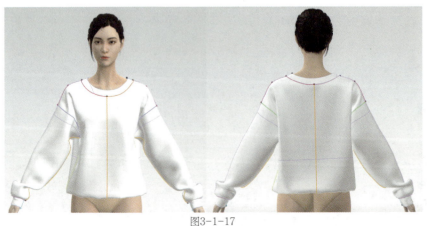

图3-1-17

第四步：细节处理

1.点击【编辑版片】🔲工具，在2D视窗，选择袖口边，右击选择【版片净边移动】增加袖头一半的宽度，选择生成内部线，按确定（图3-1-18）。

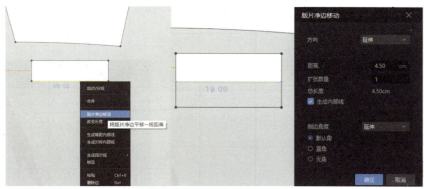

图3-1-18

2.在菜单栏中，选择【折叠安排】🔳工具，在3D视窗中，选择袖口上新生成的内部线，将新增加的版片量往里面折叠。

3.在菜单栏中，点击【线缝纫】🔳/【自由缝纫】🔳工具，在2D窗口或者3D窗口，重新缝合袖头侧边，将新生成的袖头跟原来的线进行固定缝合。在属性编辑器视窗，选择缝合类型为【合缝】。模拟（图3-1-19、图3-1-20）。

4.同样的方法，完成衣片底边罗纹的折叠（图3-1-21）。

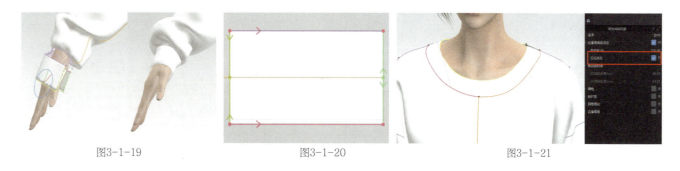

图3-1-19　　　　　　　　　图3-1-20　　　　　　　　　图3-1-21

5.设置领口的双层处理。【编辑版片】🔳工具，选择领口罗纹边，在属性编辑器选择【双层表现】，并在3D视窗中选择【织物】—【面料厚度】打勾（图3-1-22）。

6.最后模拟，调试。模拟完成后，可以先将卫衣版片粒子间距调至8~10，然后执行【选择】，框选所有卫衣版片，右击【冷冻】，将卫衣冷冻。隐藏卫衣所有版片（图3-1-23）。

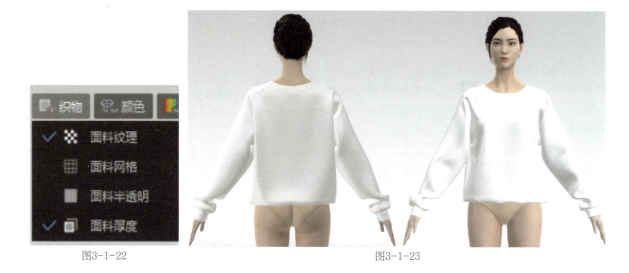

图3-1-22　　　　　　　　　　　　　图3-1-23

（三）百褶裙建模

第一步：安排版片

在3D窗口中，点击【模特】👤—【安排点】👤，打开模特安排点，点击2D窗口中百褶裙前片，点击3D窗口中模特前中位置安排点。依次完成百褶裙所有版片的安排（图3-1-24）。（注意裙摆弧度太大，可以点击裙摆，在【属性编辑视窗】中调整X轴、Y轴、间距以及方向。）

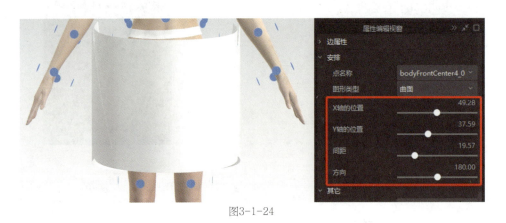

图3-1-24

第二步：版片假缝

1. 勾勒百褶裙基础线

点击【勾勒轮廓】📱工具，依次点击裙片中的基础线，右击选择【勾勒为内部线/图形】，右击【延伸并加点】【净边】，将端点延伸到版片边缘。

2. 设置百褶裙褶裥

点击【折叠安排】📋下拉对话框中，选择【翻折褶裥】📖。鼠标点击左到右，拉出灰色箭头线，并弹出对话框，选择顺褶、每个褶裥的内部线数量为3，其他选项保持默认，点击确定（图3-1-25）。

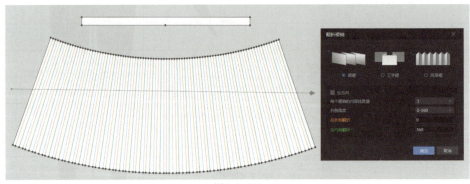

图3-1-25

3. 缝合褶裥

点击【折叠安排】📋下拉对话框中，选择【缝纫褶裥】🔗。先选择腰节缝合位置，再选择百褶裙褶裥缝合位置（图3-1-26）。同样的方法，完成百褶裙后片褶裥的缝合。再点击【线缝纫】🔗工具，完成腰头以及裙摆两侧的缝合（图3-1-27）。

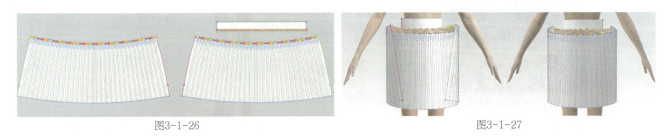

图3-1-26　　　　　　　　　　　　　　　　　　　图3-1-27

第三步：初步模拟与调整

在前后裙片上右键【失效（版片和缝纫线）】，点击模拟，当腰头完成模拟后，右击腰头，【冷冻】腰头。然后选择百褶裙片，右键点击【硬化】，按空格键，开始模拟。模拟过程中可以拉拽版片，使褶裥顺畅，做细节调整。模拟完成后，可以先将百褶裙冷冻，执行【选择】，框选所有百褶裙版片，右击【冷冻】。方便整套服装的模拟（图3-1-28）。

图3-1-28

第四步：全套模拟

点击【选择】，框选所有百褶裙版片，层次设置为"-1"。同样方法，将卫衣层次设置1，保证卫衣在百褶裙上方层次就行，并且右击【解冻】卫衣，开始模拟。

模拟完成后，卫衣在百褶裙外面，没有出现穿模现象后，可以【选择】所有百褶裙版片，右击【解冻】百褶裙。模拟时可以更改人体姿势，可以根据款式特点更改发型与鞋子（图3-1-29）。

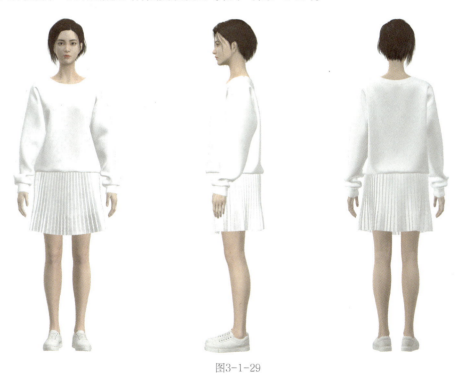

图3-1-29

（四）数字面料设置

第一步：面料设置

1. 面料选择（图3-1-30）

方法一：扫描好需要的面料，并确定名称，如卫衣面料、卫衣罗纹面料、百褶裙面料，添加到场景视窗中【当前】【织物】▨中。

方法二：选择【资源库】◈【面料/材质】▨，挑选合适的卫衣、百褶裙面料，双击添加面料到场景视窗中。

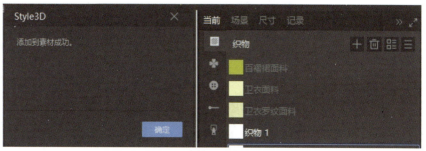

图3-1-30

2.填充面料（图3-1-31）

（1）在2D窗口或者3D窗口，选择卫衣前后片、袖子版片，右击面料【应用到选中版片】（注意选择面料的时候可以框选面料，也可以按住【Shift键】依次点选），在场景视窗中右击"卫衣面料"，选择【应用到选中版片】。

（2）同样的方法，完成卫衣罗纹的面料填充。完成百褶裙面料填充。

（3）在面料属性编辑器，添加扫描面料的法线贴图，使面料具有层次感。模拟，观察填充面料的效果。可以在属性编辑器调整面料属性。（参考模块一面料属性调节。）

图3-1-31

第二步：图案效果处理

利用平面软件设计卫衣图案，或者在网上找合适的卫衣图案贴图。在场景视窗中【当前】【图案】 ✳ 中打开图案路径。利用【图案】 ✳ 工具，选择卫衣图案（图3-1-32），在2D或者3D视窗中，放于卫衣版片前片合适位置上，用【调整图案】 工具调整贴图角度和大小（图3-1-33）。

图3-1-32   图3-1-33

（五）渲染与展示

选择所有版片，在【属性编辑视窗】中进行颜色、效果的调整，然后将"粒子间距"调整为"8~10"（小的零部件可以将数字调成小于5）。选择【工具】—【离线渲染】 ，选择多图形式，弹出【3D快照】，在【图片】中，按照视图中的尺寸进行调整，然后点击【本地渲染】，生成展示图片（图3-1-34）。

图3-1-34

项目二　帽领卫衣与纱裙

任务1：帽领卫衣与纱裙效果图

款式特征概述：

　　此款式为宽松卫衣搭配纱裙。H型短装；连帽V领；插肩长袖，袖口装罗纹；胸口弧线分割。A型双层中长裙，装橡筋腰头；外长里短；外裙为压褶八片插角造型。

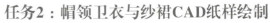

任务2：帽领卫衣与纱裙CAD纸样绘制

一、帽领卫衣

（一）确定尺寸，制定规格尺寸表

　　分析款式造型要求，根据效果图、款式图确定成衣的长度和围度尺寸，绘制好规格尺寸表（表3-2-1）。

表3-2-1

部位	衣长	胸围	肩宽	袖长	袖口
尺寸（厘米）	40	96	39	58	34/19

（二）绘制前后片

第一步：导入CAD原型衣片

选择【工艺图库】▦工具。在空白处点击左键从储存资源的文件库中调出绘制好的女装原型文件。本次任务卫衣为宽松型，原型不做省处理（图3-2-1）。

第二步：完成框架图

选择【智能笔】✐工具，在原型的基础上根据款式效果绘制领圈、袖窿深，按住【Shift键】右击选定在原型的基础上需要调整长度的线条——衣长、胸围线、下摆线，输入需要调整的长度数；根据款式效果绘制插肩位置。运用【设置线类型和颜色】▦工具，【线颜色】■选择黑色，【线类型】—选择虚线，标示原型（图3-2-2）。

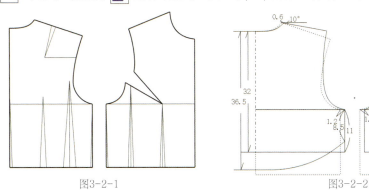

图3-2-1 　　　　　　　　图3-2-2

第三步：完成结构图外轮廓

选择【智能笔】✐工具，绘制外套插肩线，选择【调整工具】↖工具，调整好袖窿弧线、领圈弧线、插肩线。运用【文字】T工具，标注好相关数值。运用【移动旋转复制】✍工具，调整好袖窿弧线、领圈弧线的曲度（图3-2-3、图3-2-4）。

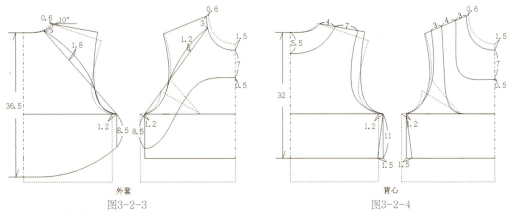

外套　　　　　　　　　　　　　背心
图3-2-3　　　　　　　　　　　图3-2-4

第四步：绘制内部结构

选择【智能笔】✐工具，结合款式图，画出外套造型、背心造型；选择【旋转】✍工具，将外套袖窿省、背心袖窿省合并。选择【智能笔】✐工具，画顺外套前片弧线造型。运用【移动旋转复制】✍工具，调整好前片下摆线，让前后片连接后线条顺畅，造型美观。运用【设置线类型和颜色】▦工具，【线颜色】■选黑色，【线类型】—细实线，标示出外轮廓和部位轮廓（图3-2-5、图3-2-6）。

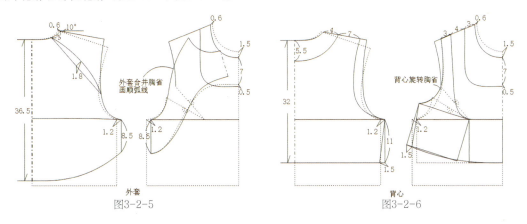

外套　　　　　　　　　　　　　背心
图3-2-5　　　　　　　　　　　图3-2-6

（三）绘制袖片、零部件

1. 绘制袖片

选择【智能笔】 🖊️ 工具，绘制袖弧线，按住【Shift键】右击选定肩线，在肩端点输入斜度比例数据，确定袖中线并定好袖长并绘制袖口大。选择【长度比较】 🖌️ 工具，比较插肩长度与衣片弧线长度，比较前后袖中线、袖底缝长度。（备注：智能笔画袖口垂线，Shift+左键拖拉变成三角板）（图3-2-7）。

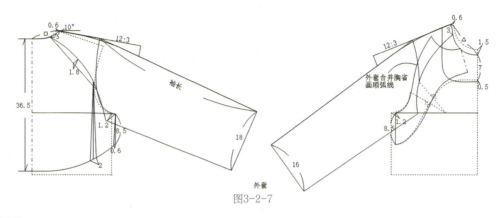

图3-2-7

2. 绘制帽子

运用【智能笔】 🖊️ 工具，根据款式图及效果图绘制帽起点、帽高度、帽宽度。选择【长度比较】 🖌️ 工具，量取衣片前后领圈弧线长度，运用【智能笔】 🖊️ 工具，从前口位置三分之一处绘制帽底弧线，绘制帽口弧线，帽中弧线。运用【调整工具】 ➤ 工具，调整帽口弧线、帽中弧线、帽底弧线（图3-2-8、图3-2-9）。

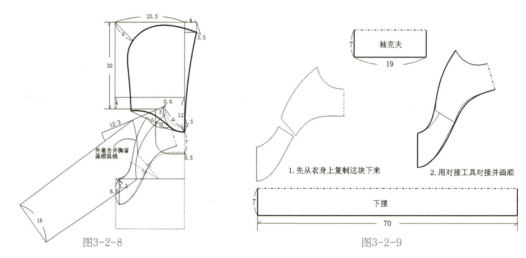

图3-2-8　　　　　　　　　　　图3-2-9

3. 绘制其他零部件

运用【智能笔】 🖊️ 工具，参考袖口长度画好袖克夫。参考下摆大小绘制背心下脚。运用【设置线类型和颜色】 ▦ 工具，【线颜色】 ■ 选黑色，【线类型】 — 选粗实线，标示袖克夫、背心下脚轮廓线，选择虚线，标示袖克夫中线、下脚中线（图3-2-10）。（备注：本款式用本布横纱做袖克夫及背心下脚，弹力不如罗纹大，根据面料弹力大小确定这两个部件的长度。）

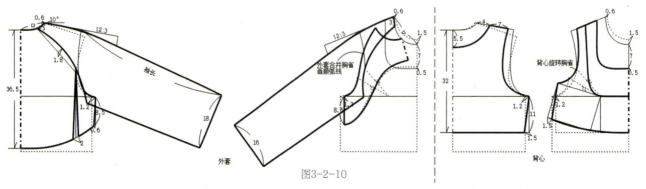

图3-2-10

（四）结构图排版

选择【成组复制/移动】🔲工具，将各结构图复制并移动，排好完整结构图版面。运用【设置线类型和颜色】〰工具，【线颜色】◼选黑色，【线类型】—选长虚线，标示背心被外套盖住的部分。选择粗实线标示轮廓和部位轮廓。运用【布纹线】🖼工具，标示好各部件纱向；并用【文字】⊤工具，标注好相关结构图信息（图3-2-11）。

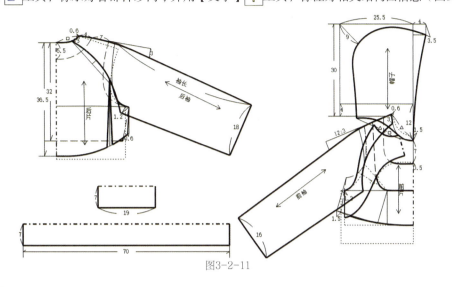

图3-2-11

（五）裁片排料

选择【剪刀】✂工具，按结构图裁剪样版，并识别出内部结构线。运用【布纹线】🖼工具，确定各部件纱向，做好纸样信息。运用【剪口】🖼工具，做好衣身、帽、袖等关键位置对刀位。在排料时要做到节约用料（图3-2-12）。

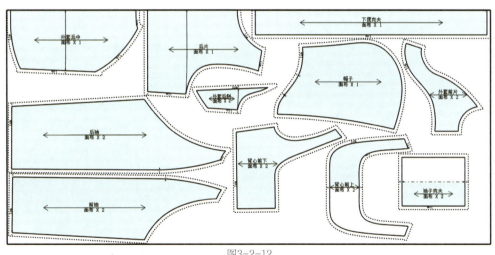

图3-2-12

二、纱裙

（一）确定尺寸，制定规格尺寸表

分析款式造型要求，根据款式图确定纱裙的长度和围度尺寸，整理绘制好规格尺寸表（表3-2-2）。

表 3-2-2

部位	裙长	臀围	腰围
尺寸（厘米）	84	88	66

（二）绘制裙片

第一步：完成框架图

选择【智能笔】✏工具，定好裙长、臀围线、腰围等尺寸。按住【Shift键】右击选定底边线，输入需要加大的摆量。选择【智能笔】工具，连接腰围到底边。运用【等分规】工具，输入数字2，将底边等分，选择【智能笔】工具，画好底边线（图3-2-13）。

第二步：完成结构图外轮廓

运用【调整工具】工具，调整裙片侧缝线、底边线。选择【智能笔】工具，在腰中点定出腰省位及省长，选择【插入省/褶】工具，输入省大数据，完成腰省绘制。根据款式效果，选择【旋转复制】工具，将腰省转到下摆，画顺底边弧线。选择【复制对称】工具，选择中线对称，将裙片做成整片。运用【设置线类型和颜色】工具，【线颜色】选黑色，【线类型】选点划线，标示裙中线。运用【文字】工具，标注好相关数值（图3-2-14）。

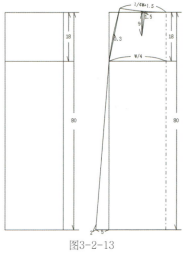
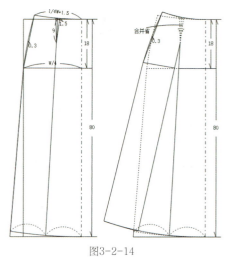

图3-2-13　　　　　　　　　　　　　　　　图3-2-14

第三步：绘制内部结构

运用【展开/去除余量】工具，绘制太阳褶（图3-2-15）。在菜单数据里，褶线条数输入25、上段展开输入0.5、下端展开输入1.25，绘制太阳褶。运用【设置线类型和颜色】工具，【线颜色】选黑色，【线类型】选粗实线，标示出外轮廓（图3-2-16）。（备注：太阳褶上小下大。）

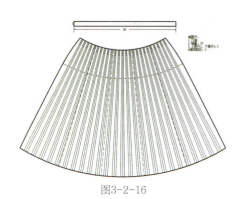

图3-2-15　　　　　　　　　　　　　　　　图3-2-16

（三）绘制零部件

运用【智能笔】工具，参考腰围尺寸绘制腰头。根据款式效果绘制下摆插片。运用【调整工具】工具，调整插片底边线。

（四）结构图排版

选择【成组复制/移动】工具，将各结构图复制并移动，排好完整结构图版面。运用【布纹线】工具，标示好各部件纱向，并用【文字】工具，标注好相关结构图信息（图3-2-17）。

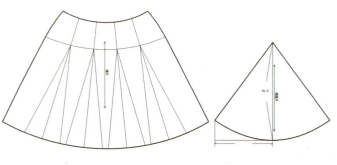

图3-2-17

（五）裁片排料

选择【剪刀】 ✂ 工具，按结构图裁剪样版，并识别出内部结构线。运用【布纹线】 🖊 工具，确定各部件纱向，填写好纸样信息。运用【剪口】 🖼 工具，做好插片拼接位对刀位。在排料时要做到节约用料（备注：里布大小同未做展开结构图，长度减10cm）（图3-2-18）。

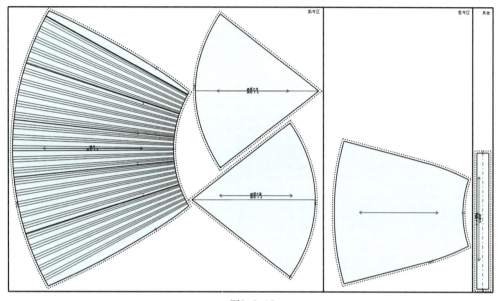

图3-2-18

任务3：帽领卫衣与纱裙3D效果展示步骤

（一）导入版片

第一步：导入版片文件

执行【文件】—【导入】 ◤ —【导入DXF】命令，导入平面制图软件中帽领卫衣与纱裙版片。

第二步：整理2D窗口版片

1.根据款式要求，整理卫衣与百褶裙版片。执行【编辑版片】 ◻ 命令，选择前中心线，右击选择【边缘对称】命令，生成版片另一半（图3-2-19）。

2.执行【选择】命令，按住【Shift键】选择袖片、袖口，右击选择【克隆对称版片（版片和缝纫线）】。生成左片袖子版片。

3.执行【选择】命令，选择百褶裙版片，右击【复制】、【粘贴】命令，生成百褶裙后片版片。

图3-2-19

4.按照2D窗口中模特摆放位置，将所有版片排列好位置。在3D窗口，右键选择【按照2D位置重置版片 】，将3D窗口中的版片也进行相应的位置调整和摆放（图3-2-20）。

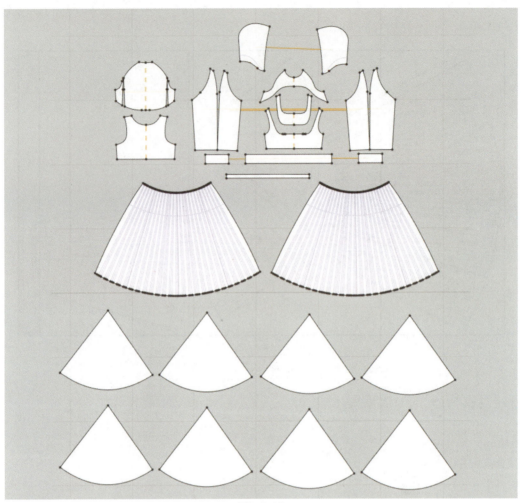

图3-2-20

（二）帽领卫衣建模

第一步：安排版片

在3D窗口中，点击【模特】 —【安排点】 ，打开模特安排点，按照版片在人体的位置，分别选择模特上对应的点，依次完成帽领卫衣所有版片的安排（图3-2-21）。

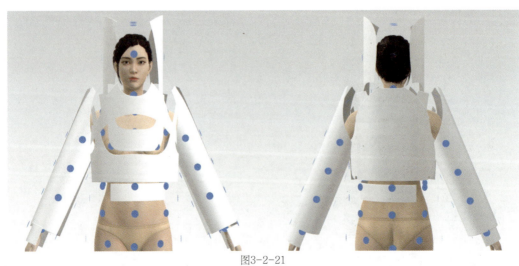

图3-2-21

第二步：版片假缝

在菜单栏中，点击【开始】—【线缝纫】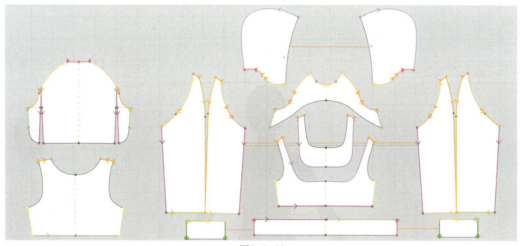/【自由缝纫】工具，在2D窗口或者3D窗口，按照款式的结构关系，依次点击假缝位置，将前片、后片、袖子、袖克夫、帽子进行假缝（图3-2-22、图3-2-23）。（注意假缝的先后顺序没关系，但线条的对应关系不能扭曲，可以在3D窗口进行检查。）

图3-2-22

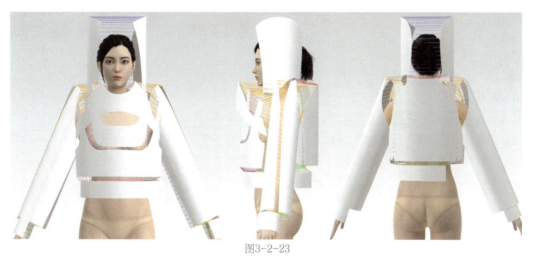

图3-2-23

第三步：初步模拟与调整

将帽领卫衣所有版片选择后，右键点击【硬化】，按空格键，开始模拟。模拟过程中可以拉拽面料，使衣身保持平衡（图3-2-24）。

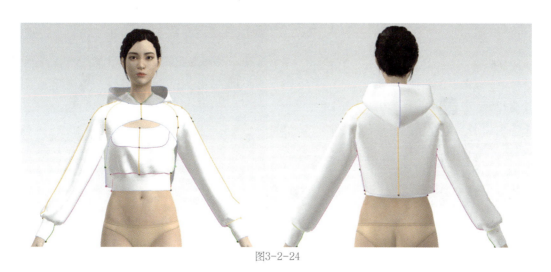

图3-2-24

第四步：细节处理

1.袖口的双层处理：参考卫衣袖口双层处理方法，点击【编辑版片】■工具，在2D视窗，选择袖口边，右击选择【版片净边移动】增加袖头一半的宽度，选择生成内部线，按确定。在菜单栏中，选择【折叠角度】工具，在3D视窗中，选择袖口上新生成的内部线，将新增加的版片量往里面折叠。在菜单栏中，点击【线缝纫】■/【自由缝纫】■工具，在2D窗口或者3D窗口，重新缝合袖头侧边，将新生成的袖头跟原来的线进行固定缝合。在属性编辑器视窗，选择缝合类型为【合缝】。模拟（图3-2-25）。

2.用同样的方法，完成衣片底边双层处理。

3.模拟，调试。模拟完成后，可以先将帽领卫衣版片粒子间距调至8~10，然后执行【选择】，框选所有帽领卫衣版片，右击【冷冻】，将帽领卫衣冷冻。隐藏帽领卫衣所有版片（图3-2-26）。

图3-2-25   图3-2-26

（三）纱裙建模

第一步：安排版片

在3D窗口中，点击【模特】■—【安排点】■，打开模特安排点，点击2D窗口中纱裙的里布版片，点击3D窗口中模特前中位置安排点。然后依次完成纱裙主体裙片的安排。（注意裙摆弧度太大，可以点击裙摆，在【属性编辑视窗】中调整X轴、Y轴、间距以及方向。）裙摆的8片分割，可以暂时不安排（图3-2-27）。

图3-2-27

第二步：版片假缝

1.在菜单栏中，点击【开始】—【线缝纫】■/【自由缝纫】■工具，在2D窗口或者3D窗口，选择缝合纱裙里布与腰头，模拟。（注意模拟时，先将纱裙其他版片设置失效、隐藏。）模拟好后，冷冻纱裙里布与腰头（图3-2-28）。

图3-2-28

2.勾勒纱裙面布基础线，点击【勾勒轮廓】![icon]工具，依次点击纱裙中的基础线，右击选择【勾勒为内部线/图形】，右击【延伸到并加点】【净边】，将端点延伸到版片边缘。

3.设置纱裙褶裥，点击【折叠安排】![icon]工具，在下拉对话框中选择【翻折褶裥】![icon]工具。鼠标点击左到右，拉出灰色箭头线，并弹出对话框，选择顺褶、每个褶裥的内部线数量为3，其他选项保持默认，点击确定（图3-2-29）。

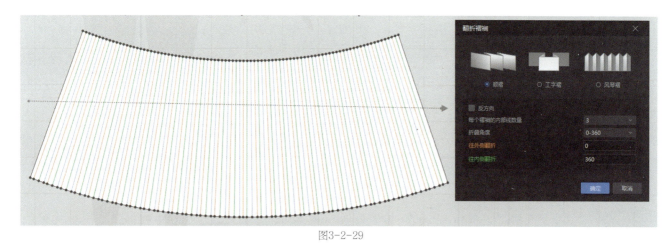

图3-2-29

4.缝合褶裥，点击【折叠安排】![icon]工具，在下拉栏中选择【缝纫褶裥】![icon]工具。先选择腰节缝合位置，再选择纱裙褶裥缝合位置。用同样的方法，完成纱裙后片褶裥的缝合。再点击【线缝纫】![icon]工具，完成腰头以及裙摆两侧的缝合（图3-2-30、图3-2-31）。

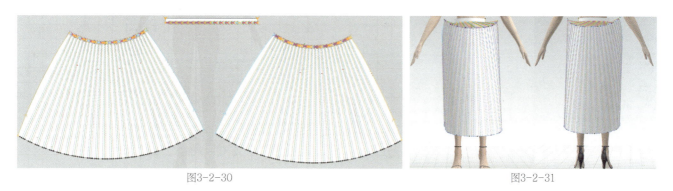

图3-2-30   图3-2-31

第三步：初步模拟与调整

选择前后裙片，右键点击【硬化】，按空格键，开始模拟。模拟过程中可以拉拽版片，使褶裥顺畅，做细节调整（图3-2-32）。

第四步：细节处理

1.在2D视窗，点击【勾勒轮廓】![icon]工具，依次点击裙中的8片分割线的位置，右击选择【勾勒为内部线/图形】（图3-2-33）。

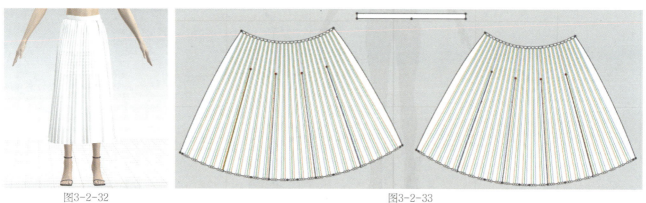

图3-2-32   图3-2-33

2. 在菜单栏中，点击【线缝纫】 🔲 /【自由缝纫】 🔲 工具，在2D窗口或者3D窗口，缝合8片分割，注意起始位置（图3-2-34、图3-2-35）。

图3-2-34　　　　　　　　　　　　　图3-2-35

3. 模拟（图3-2-36）。

图3-2-36

第五步：全套模拟

按【空格键】开始模拟。模拟时可以更改人体姿势，可以根据款式特点更改发型与鞋子（图3-2-37）。

图3-2-37

（四）数字面料设置

1. 面料选择（图3-2-38）

方法一：扫描好需要的面料，并确定名称，如帽领卫衣面料、纱裙面料、纱裙里料，添加到场景视窗中【当前】【织物】▨中。

方法二：选择【资源库】⬛【面料/材质】▨，挑选合适的帽领卫衣、纱裙面料，纱裙里料。双击添加面料到场景视窗中。

图3-2-38

2. 填充面料（图3-2-39）

（1）在2D窗口或者3D窗口，选择卫衣前后片、袖子版片，右键点击面料【应用到选中版片】（注意选择面料的时候可以框选面料，也可以按住【Shift键】依次点选），在场景视窗中右击"帽领卫衣面料"，选择【应用到选中版片】。

（2）用同样的方法，完成卫衣、纱裙面料填充。

（3）在面料属性编辑器，添加扫描面料的法线贴图，使面料具有层次感。模拟，观察填充面料的效果。可以在属性编辑器调整面料属性。（参考模块一面料属性调节。）

图3-2-39

（五）渲染与展示

选择所有版片，在【属性编辑视窗】中进行颜色、效果的调整，然后将"粒子间距"调整为"8~10"（小的零部件可以将数字调成小于5）。选择【工具】—【离线渲染】▣，选择多图形式，弹出【3D快照】，在【图片】中，按照视图中的尺寸进行调整，然后点击【本地渲染】，生成展示图片（图3-2-40）。

图3-2-40

项目一　旗袍

任务1：旗袍效果图

款式特征概述：

　　此款式为旗袍。S型；前后片收腰省；小立领，右前片偏襟设计从领底至腋下；一片袖；侧缝开衩至膝盖；领子、偏襟、袖子、开衩部位做嵌条装饰。

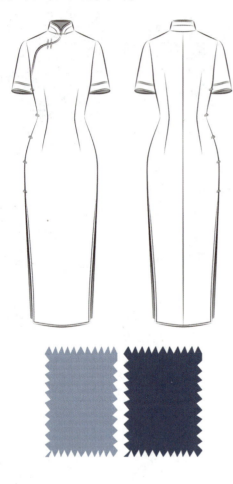

任务2：旗袍CAD纸样绘制

（一）确定尺寸，制定规格尺寸表

　　分析款式造型要求，根据款式图确定成衣的长度和围度尺寸，整理绘制好规格尺寸表（表4-1-1）。

表4-1-1

部位	裙长	胸围	腰围	臀围	肩宽	领围	袖长
尺寸（厘米）	139	92	74	94	38	34	25

（二）绘制前后片

第一步：导入CAD原型衣片

选择【工艺图库】▦工具。在空白处点击左键从储存资源的文件库中调出绘制好的女装原型文件（图4-1-1）。选择【旋转复制】▱工具，根据款式效果进行省转移，根据款式特征调整原型（图4-1-2）。

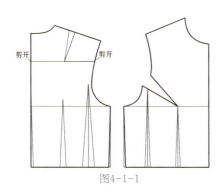

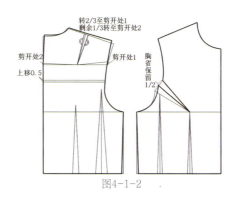

图4-1-1   图4-1-2

第二步：完成框架图

选择【智能笔】✎工具，按住【Shift键】右击选定在原型的基础上需要调整长度的线条——裙长、肩宽、胸围线、臀围线、下摆线，输入需要调整的长度数值。运用【设置线类型和颜色】▤工具，【线颜色】▪选择黑色，【线类型】▬选择虚线，标示处理后的原型（图4-1-3）。

第三步：完成结构图外轮廓

选择【智能笔】✎工具，结合款式特征及规格尺寸分配好腰省量和下摆收量。选择【旋转复制】▱工具，将前胸省转成腋下省。运用【文字】T工具，标注好相关数值。运用【移动旋转复制】▱工具，调整好前后袖窿弧线和前后领圈弧线的曲度（图4-1-4）。

第四步：绘制内部结构

选择【智能笔】✎工具，结合款式图进行前小襟的结构设计，定好扣位。运用【设置线类型和颜色】▤工具，【线颜色】▪选择黑色，【线类型】▬选择粗实线，标示出前后片外轮廓和部位轮廓（图4-1-5）。

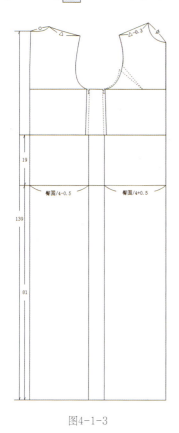

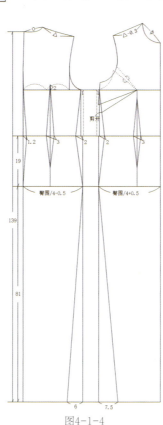

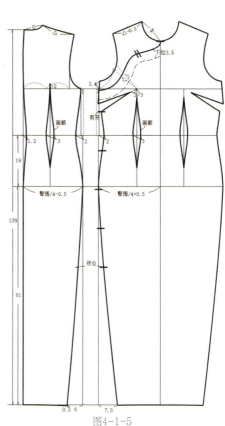

图4-1-3   图4-1-4   图4-1-5

（三）绘制袖片、领片（图4-1-6）

1.绘制袖片

选择【智能笔】 ✐ 工具，确定袖长、袖山高和袖口尺寸，选择【长度比较】 ✐ 工具，量取衣片前后袖窿弧线长度。运用【圆规】 Ａ 工具，以衣片前后袖窿弧线长度为参考确定好袖肥。运用【调整工具】 ➘ 工具，调整袖口线，袖缝拼合后袖口应圆顺。

2.绘制领片

选择【长度比较】 ✐ 工具，量取衣片前后领圈弧线长度。运用【智能笔】 ✐ 工具，确定领高及领角造型，运用【调整工具】 ➘ 工具，调整领底弧线和外领弧线，完成领片结构。

（四）结构图排版

选择【成组复制/移动】 ✍ 工具，将各结构图复制并移动，排好完整结构图版面。运用【布纹线】 ✍ 工具，标示好各部件纱向，并用【文字】 Ｔ 工具，标注好相关结构图信息（图4-1-7）。

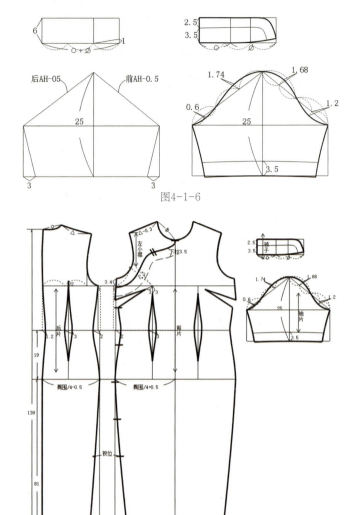

图4-1-6

（五）裁片排料

选择【剪刀】 ✂ 工具，按结构图裁剪样版，并识别出内部结构线。运用【缝份】 ▱ 工具，核对好各部位缝份。运用【布纹线】 ✍ 工具，确定各部件纱向，做好纸样信息。运用【剪口】 ✄ 工具，做好领袖等关键位置对刀位。在排料时要做到节约用料（图4-1-8）。

图4-1-7

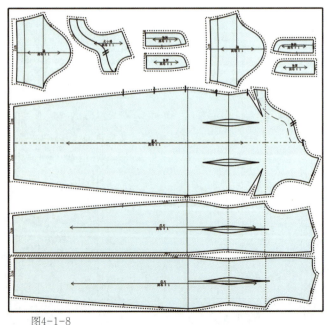

图4-1-8

任务3：旗袍3D效果展示步骤

（一）导入版片

第一步：导入版片文件

执行【文件】—【导入】 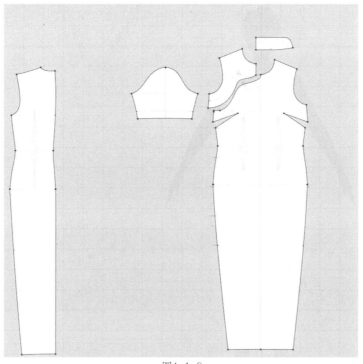—【导入DXF】命令，将中旗袍版片导入制图软件，并按照下图的形式将版片进行摆放（图4-1-9）。

图4-1-9

第二步：整理2D窗口版片

根据款式要求，整理旗袍版片。按住【Shift键】选择前片、前偏襟、后片、袖子版片，右击选择【克隆对称版片（版片和缝纫线）】，生成对称的联动版片。（备注：分别选择需要生成的对称版片后，按住快捷键"Ctrl+D"也可以生成对称的联动版片。）执行【开始】—【编辑版片】 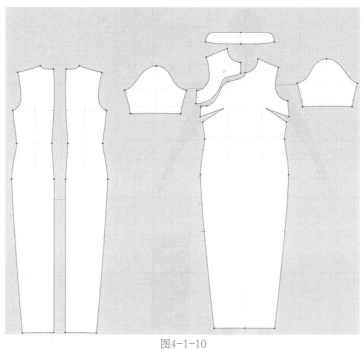命令，选择领子后中心线，右击选择【边缘对称】命令，生成版片另一半（图4-1-10）。

图4-1-10

（二）旗袍建模

第一步：安排版片

在3D窗口中，点击【模特】 —
【安排点】 ，打开模特安排点，按
照版片在人体的位置，分别选择模特
上对应的点，完成旗袍所有版片的安
排（图4-1-11）。

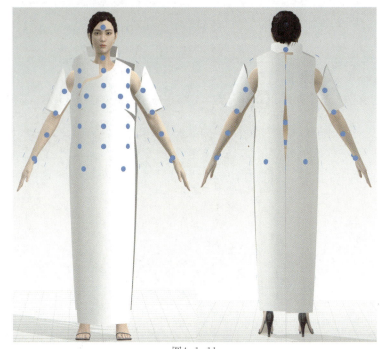

图4-1-11

第二步：版片假缝

1. 在2D窗口，点击【开始】—
【勾勒轮廓】 工具，选择前后裙
片的内部省道线、偏襟线等内部线，
右键选择"勾勒位内部线/图形"（图
4-1-12）。

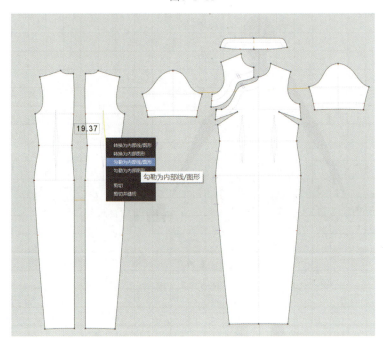

图4-1-12

2. 点击【开始】—【编辑版片】
工具，选择前后片内部腰省，右
键"转换为洞"，将内部省进行镂空
（图4-1-13）。（方法二：选中省道，
右键"合并点"，将线条之间的空间
点转换为实心点，然后右键"剪切并
缝纫"，删除剪切出来的省道即可。）

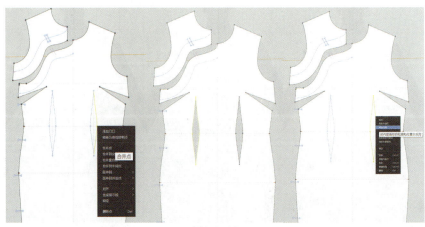

图4-1-13

3. 点击【开始】—【线缝纫】  /【自由缝纫】  工具，按照款式的结构关系，在2D窗口或者3D窗口，依次点击省道、后中缝、肩缝、侧缝、袖底缝、袖山与袖窿、领圈与领底弧线进行假缝（图4-1-14、图4-1-15）。（注意假缝可不按先后顺序处理，但线条的对应关系不能扭曲，可以在3D窗口进行检查。）

图4-1-14　　　　　　　　　　　　　　　　　　　　图4-1-15

第三步：模拟

将旗袍所有版片选择后，右键点击【硬化】，按空格键，开始模拟。模拟过程中可以拉拽面料，使衣身保持平衡（图4-1-16）。

图4-1-16

第四步：细节处理

1.在2D窗口，点击【开始】—【造型刷】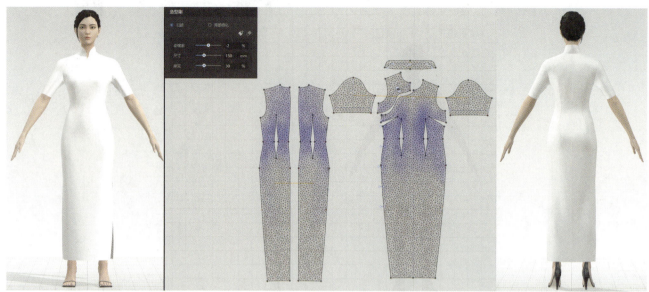工具，在人体腰部进行相应的归拔（图4-1-17）。

2.在2D窗口，点击【素材】—【嵌条】工具，在偏襟、袖子、领子、开衩位添加相应的嵌条（图4-1-18、图4-1-19）。

图4-1-17

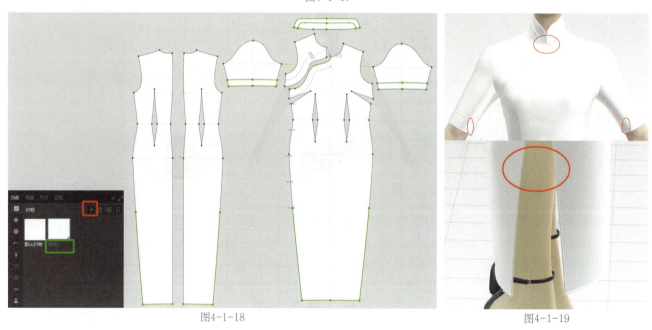

图4-1-18　　　　　　　　　　　　　　　图4-1-19

3.选择【资源库】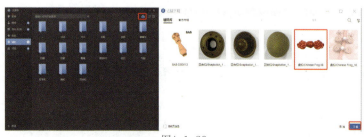—【辅料】，点击右上角"下载在线素材"，找到相关的盘扣，点击右下角的"下载"。然后将下载好的盘扣添加到【资源库】—【纽扣】中（图4-1-20、图4-1-21）。

图4-1-20　　　　　　　　　　　　　　　图4-1-21

4.将盘扣添加到相应位置，同时选中盘扣，在【属性编辑视窗】将角度调整到合适的数值（图4-1-22）。

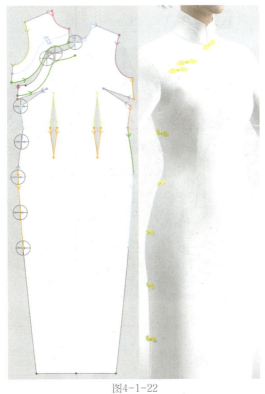

图4-1-22

第五步：全套模拟

1.在3D窗口，服装处于模拟状态下，选择模特，在【属性编辑视窗】完成模特动态、鞋子等的调整。

2.调整好人体姿态、平衡好服装关系后，在3D窗口选择【颜色】，将硬化和粘衬前面的勾取消，然后在2D窗口选择【工具】—【离线渲染】工具，在弹出的界面中，选择多图，并按照前面模块中数值进行相应设置，点击直接保存，得到整体模拟图（图4-1-23）。

图4-1-23

（三）数字面料设置

第一步：导入面料

选择【资源库】 ▣ —【面料/材质】 ▨ ，选择"金丝绒"面料（图4-1-24）。

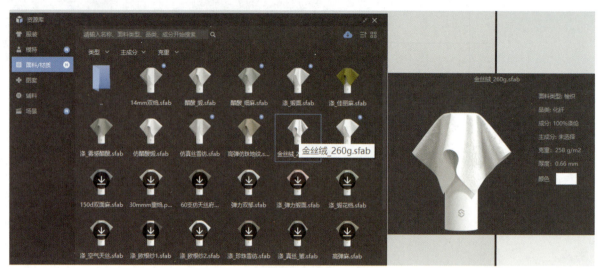

图4-1-24

第二步：填充面料

在2D窗口，框选旗袍的所有版片，将【场景管理视窗】—【织物】 ▨ 中的"金丝绒"面料拖到版片上，完成面料的填充，并对面料进行粘衬和归拔、熨烫处理（图4-1-25）。

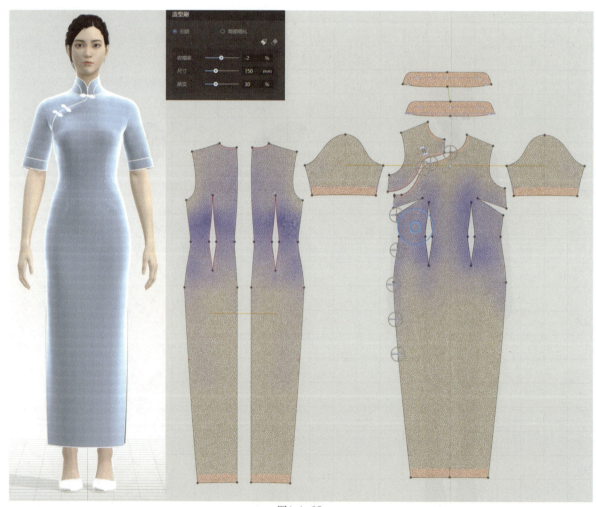

图4-1-25

（四）渲染与展示

1.在3D窗口，单击模特，进入【属性编辑视窗】，依次修改面料的颜色、渲染的类型、盘扣的属性、嵌条的效果等。选择所有版片，在【属性编辑视窗】中进行颜色、效果的调整，然后将"粒子间距"调整为"8~10"（小的零部件可以将数字调成小于5）（图4-1-26）。

2.选择【工具】—【离线渲染】 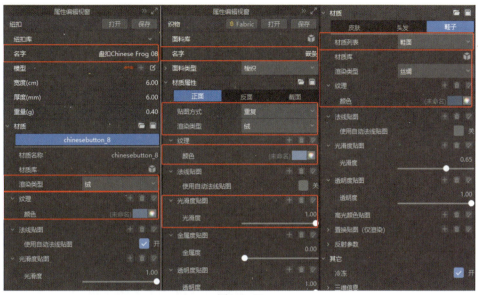，选择多图形式，弹出【3D快照】，在【图片】中，按照前几模块调节的尺寸进行调整，然后点击【本地渲染】，生成展示图片（图4-1-27）。

图4-1-26

图4-1-27

项目二 衬衫式宽松褶裥连衣裙

任务1：衬衫式宽松褶裥连衣裙效果图

款式特征概述：

　　此款式为衬衫式宽松褶裥连衣裙。立翻领，暗门襟；前后片过肩处收褶，腰部拼接，分割收褶；宽松两片式长袖，袖口处收褶，装宽袖头。

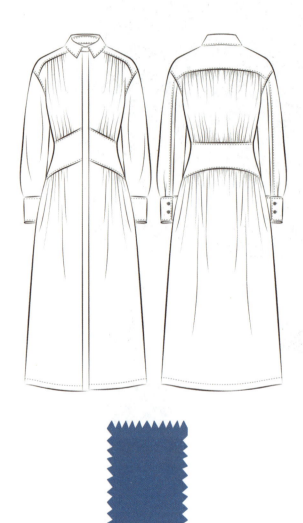

任务2：衬衫式宽松褶裥连衣裙CAD纸样绘制

（一）确定尺寸，制定规格尺寸表

　　分析款式造型要求，根据款式图确定成衣的长度和围度尺寸，整理绘制好规格尺寸表（表4-2-1）。

表4-2-1

部位	裙长	胸围	肩宽	袖长
尺寸（厘米）	120	170	52	59

（二）绘制前后片

第一步：导入CAD原型衣片

选择【工艺图库】▦工具。在空白处点击左键从储存资源的文件库中调出绘制好的女装原型文件（图4-2-1）。

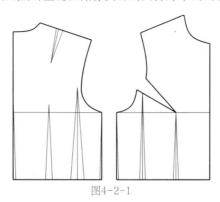

图4-2-1

第二步：完成框架图

选择【智能笔】🖊工具，按住【Shift键】右击选定在原型的基础上需要调整长度的线条——裙长、肩宽、胸围线、臀围线、下摆线，输入需要调整的长度数值。运用【设置线类型和颜色】▦工具，【线颜色】▮选择黑色，【线类型】━选择虚线，标示处理后的原型（图4-2-2）。

第三步：完成结构图外轮廓

选择【智能笔】🖊工具，结合款式图确定好前、后过肩的规格尺寸和前、后腰部的分割造型。选择【旋转复制】◩工具，将前胸省转移至前过肩下。运用【文字】Ｔ工具，标注好相关数值。运用【移动旋转复制】◪工具，调整好前后袖窿弧线的曲度（图4-2-3）。

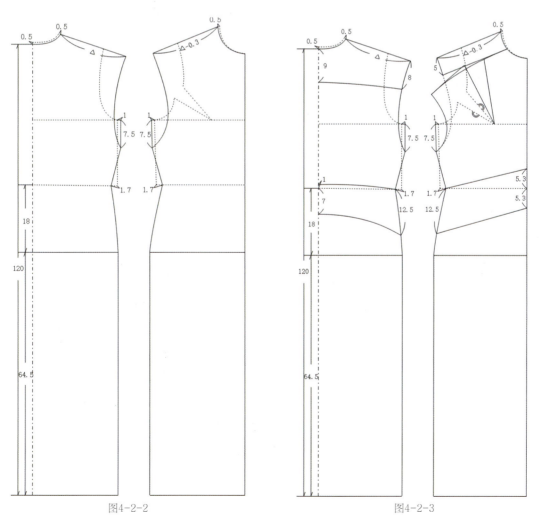

图4-2-2　　　　　　　　　　　　　　　　图4-2-3

第四步：绘制内部结构

选择【移动复制对接】![tool]工具，将前过肩拼命至后过肩。选择【展开/去除余量】![tool]工具，根据款式特征，放出前后衣片和裙片的褶量。选择【智能笔】![tool]工具，确定暗门襟的规格尺寸。运用【CSE圆弧】![tool]工具，按下【Shift键】，鼠标变成圆的标志后定好纽扣位。选择【曲线显示形状】![tool]工具，标示褶皱位。运用【设置线类型和颜色】![tool]工具，【线颜色】![tool]选择黑色，【线类型】![tool]选择粗实线，标示出前后片外轮廓和部位轮廓（图4-2-4）。

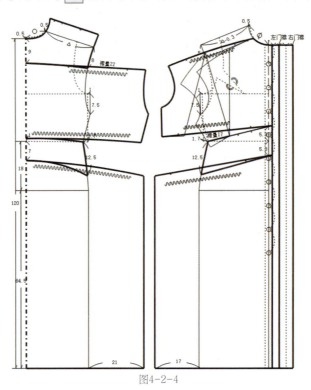

图4-2-4

（三）绘制袖片、零部件（图4-2-5）

1. 绘制袖片

选择【长度比较】![tool]工具，量取衣片前后袖窿弧线长度。运用【圆规】![tool]工具，以衣片前后袖窿弧线长度为参考确定好袖肥。选择【智能笔】![tool]工具，确定袖长、袖口、袖山弧线及大小袖造型，同时结合款式特征完成袖片的结构设计。运用【调整工具】![tool]工具，调整袖口线，袖缝拼合后袖口应圆顺。

2. 绘制领片

【选择长度比较】![tool]工具，量取衣片前后领圈弧线长度。运用【智能笔】![tool]工具，确定领座和翻领造型和尺寸，运用【调整工具】![tool]工具，调整领底弧线和外领弧线，完成领片结构设计。

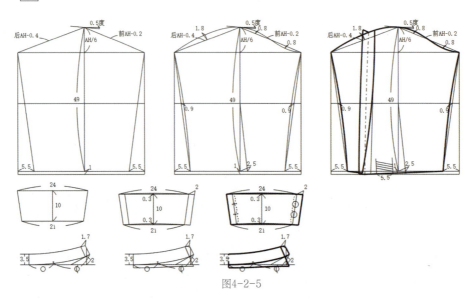

图4-2-5

（四）结构图排版

选择【成组复制/移动】工具，将各结构图复制并移动，排好完整结构图版面。运用【布纹线】工具，标示好各部件纱向，并用【文字】工具，标注好相关结构图信息（图4-2-6）。

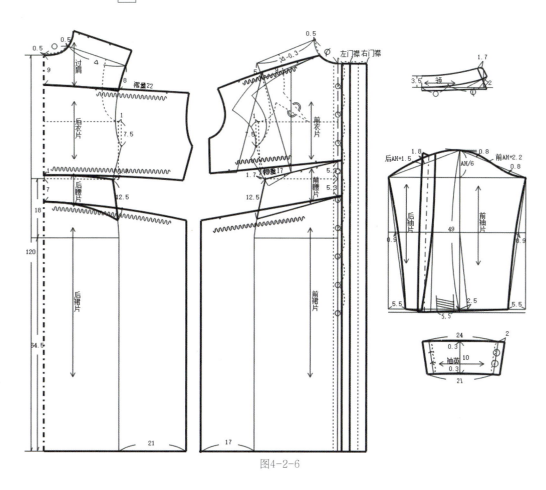

图4-2-6

（五）裁片排料

选择【剪刀】工具，按结构图裁剪样版，并识别出内部结构线。运用【缝份】工具，核对好各部位缝份。运用【布纹线】工具，确定各部件纱向，做好纸样信息。运用【剪口】工具，做好领袖等关键位置对刀位。在排料时要做到节约用料（图4-2-7）。

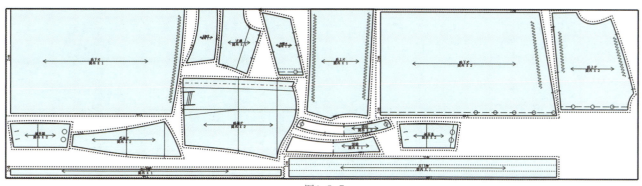

图4-2-7

任务3：衬衫式宽松褶裥连衣裙3D效果展示步骤

（一）导入版片

第一步：导入版片文件

执行【文件】—【导入】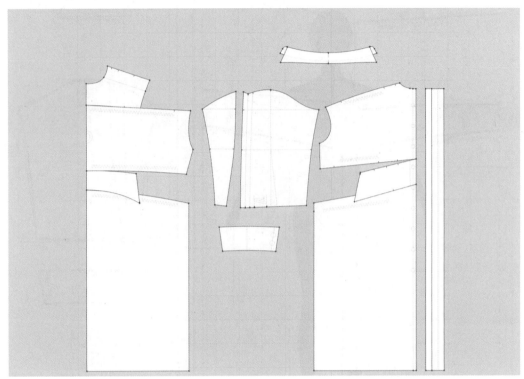—【导入DXF】命令，将衬衫式宽松褶裥连衣裙版片导入制图软件中，并按照下图的形式将版片进行摆放（图4-2-8）。

图4-2-8

第二步：整理2D窗口版片

根据款式要求，整理衬衫式宽松褶裥连衣裙版片。按住【Shift键】选择前片上中下、袖子、袖克夫版片，右击选择【克隆对称版片（版片和缝纫线）】，生成对称的联动版片。（备注：分别选择需要生成的对称版片后，按住快捷键"Ctrl+D"也可以生成对称的联动版片。）执行【开始】—【编辑版片】■命令，选择过肩、后片上中下版片，右击选择【边缘对称】命令，生成版片另一半（图4-2-9）。

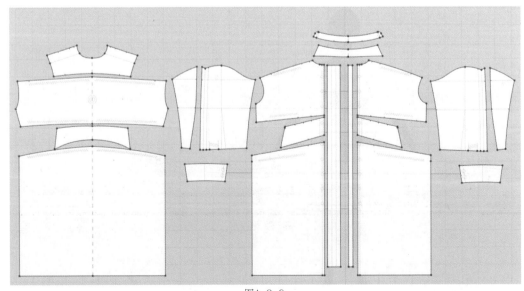

图4-2-9

（二）衬衫式宽松褶裥连衣裙建模

第一步：安排版片

在3D窗口中，点击【模特】![icon]—【安排点】![icon]，打开模特安排点，按照版片在人体的位置，分别选择模特上对应的点，完成衬衫式宽松褶裥连衣裙所有版片的安排，将版片的里外层次摆放好（图4-2-10、图4-2-11）。（注意为了防止腰部以下版片穿模，需要选中前片和后片下部版片，在【属性编辑视窗】将安排位置的"间距"数值进行相应的调整。）

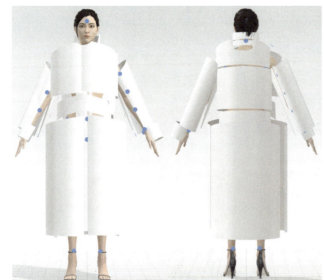

图4-2-10

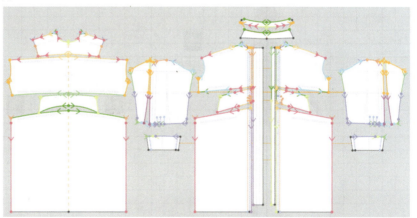

图4-2-11

第二步：版片假缝

点击【开始】—【线缝纫】![icon]/【自由缝纫】![icon]工具，按照款式的结构关系，在2D窗口或者3D窗口，依次点击前片分割、前片门襟、后片分割、侧缝、肩缝、领座翻领、领圈与底领弧线、袖口与袖克夫、袖山弧线与袖窿弧线进行假缝（图4-2-12、图4-2-13）。（注意门襟由于是暗门襟，先将其进行简单的缝合，后续再细化，袖口的褶也可以先粗略缝合。）

图4-2-12

图4-2-13

第三步：模拟

将衬衫式宽松褶裥连衣裙所有版片选择后，右键点击【硬化】，按空格键，开始模拟。模拟过程中可以拉拽面料，使衣身保持平衡（图4-2-14）。

图4-2-14

第四步：细节处理

1.在2D窗口，点击【开始】—【折叠安排】 ▣ 工具，将门襟线进行翻折，翻完以后，用【编辑版片】 ▣ 工具选中翻折的线，然后在【属性编辑视窗】调整暗门襟的"折叠强度"和"折叠角度"的数值（图4-2-15、图4-2-16、图4-2-17）。

2.按照暗门襟翻折好的效果，点击【开始】—【线缝纫】 ▥ /【自由缝纫】 ▱ 工具，将暗门襟缝合到衣片上（图4-2-18）。

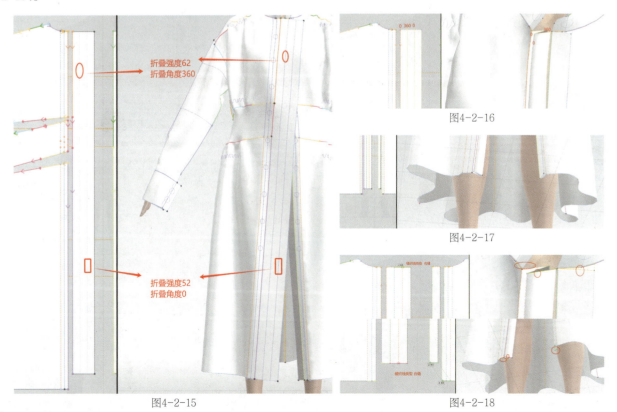

折叠强度62
折叠角度360

折叠强度52
折叠角度0

图4-2-15

图4-2-16

图4-2-17

图4-2-18

3.点击【开始】—【线缝纫】 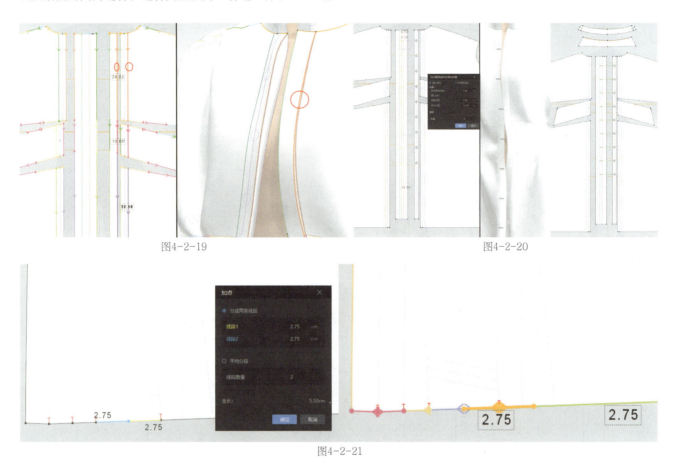 /【自由缝纫】 工具，将里襟缝合到另一侧衣片上（图4-2-19）。

4.纽扣：选择【素材】—【纽扣】 和【扣眼】 工具，分别在立领、门襟、里襟上添加扣眼和纽扣，并选择【素材】—【系纽扣】工具，将扣眼扣在纽扣中（图4-2-20）。

5.袖口褶裥处理：选择【开始】—【加点】 工具，在褶裥中间添加中点，然后选择【自由缝纫】 工具将褶裥以及褶裥的倒向缝合，缝合类型设为"合缝"（图4-2-21）。

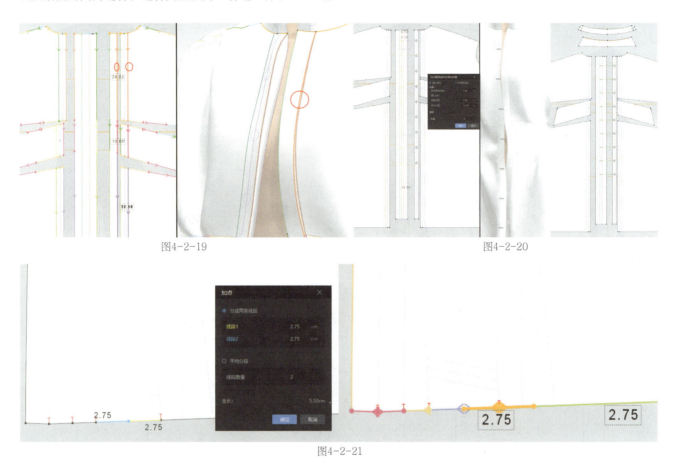

图4-2-19   图4-2-20

图4-2-21

6.袖中褶裥处理：选择【开始】—【编辑版片】 工具，选择袖中部的褶裥线，在【编辑版片】 设置"折叠强度"和"折叠角度"（具体角度可以根据袖子的实时变化进行调整）。然后选择【自由缝纫】 工具将袖中褶进行缝合（图4-2-22、图4-2-23、图4-2-24）。

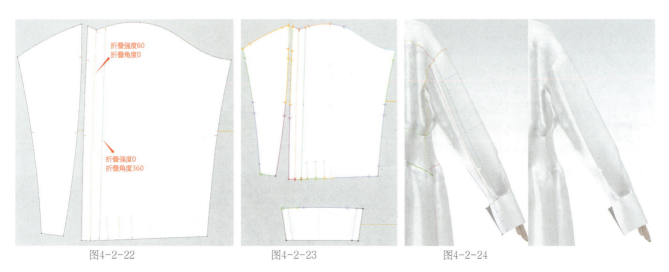

图4-2-22   图4-2-23   图4-2-24

7.领子翻折：用【选择移动】工具框选立领和翻领，右键选择"生成里布层（里侧）"，将领子做双层处理，并设置好翻领的翻折线的"折叠角度"数值，观察领子在脖子上的效果（图4-2-25、图4-2-26）。

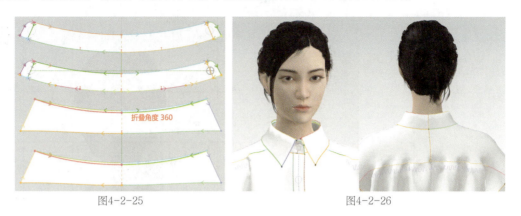

图4-2-25   图4-2-26

第五步：全套模拟

1.在3D窗口，服装处于模拟状态下，选择模特，在【属性编辑视窗】完成模特发型、鞋子等的调整。

2.调整好人体姿态、平衡好服装关系后，在3D窗口选择【颜色】，将硬化和粘衬前面的勾取消，然后在2D窗口选择【工具】—【离线渲染】工具，在弹出的界面中选择多图，并按照前面模块中数值进行相应设置，点击直接保存，得到整体模拟图（图4-2-27）。

图4-2-27

（三）数字面料设置

第一步：导入、填充面料

选择【资源库】—【面料/材质】，在"织物法线图"—"棉"文件夹中选择"弹力棉缎"面料进行版片填充，并设置相应的颜色（图4-2-28）。

图4-2-28

第二步：处理褶裥

在2D窗口，框选衬衫式宽松褶裥连衣裙的所有版片，用【开始】—【勾笔】 工具绘画内部线，并对版片相应的部位进行粘衬处理，使褶的效果更加明显及细腻（图4-2-29）。

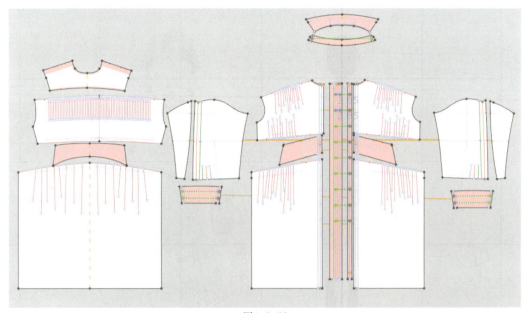

图4-2-29

（四）渲染与展示

选择所有版片，在【属性编辑视窗】中进行颜色、效果的调整，然后将"粒子间距"调整为"8~10"（小的零部件可以将数字调成小于5）。选择【工具】—【离线渲染】 ，选择多图形式，弹出【3D快照】，在【图片】中，按照前几模块调节的尺寸进行调整，然后点击【本地渲染】，生成展示图片（图4-2-30）。

图4-2-30

项目三　不对称波浪褶连衣裙

任务1：不对称波浪褶连衣裙效果图

款式特征概述：

　　此款式为不对称波浪褶连衣裙。X型；圆领；前后衣片设竖线分割；前裙片腰部斜向不对称分割，腰部左侧分割处收褶；合体一片式泡泡短袖。

任务2：不对称波浪褶连衣裙CAD纸样绘制

（一）确定尺寸，制定规格尺寸表

　　分析款式造型要求，根据款式图确定成衣的长度和围度尺寸，整理绘制好规格尺寸表（表4-3-1）。

表 4-3-1

部位	裙长	胸围	腰围	肩宽	袖长	袖口
尺寸（厘米）	112	92	68	34	32	28

（二）绘制前后片

第一步：导入CAD原型衣片

选择【工艺图库】▦工具。在空白处点击左键从储存资源的文件库中调出绘制好的女装原型文件（图4-3-1）。选择【智能笔】✎工具，根据款式特征确定省转移位置，调整原型（图4-3-2）。

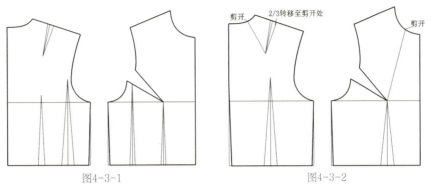

图4-3-1　　　　　　　　　　图4-3-2

第二步：完成框架图

选择【智能笔】✎工具，按住【Shift键】右击选定在原型的基础上需要调整长度的线条——肩宽、腰节线、臀围线、裙长等，输入需要调整的长度数值，并根据腰围尺寸确定好上衣和裙片省的大小。运用【设置线类型和颜色】▦工具，【线颜色】■选择黑色，【线类型】—选择虚线，标示处理后的原型（图4-3-3、图4-3-4）。

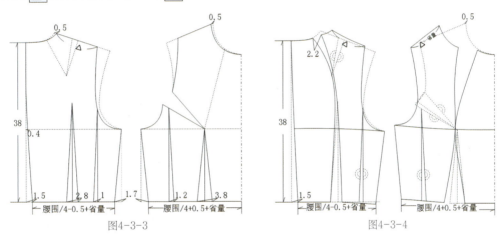

图4-3-3　　　　　　　　　　图4-3-4

第三步：完成结构图外轮廓

选择【旋转复制】⟳工具，根据款式效果进行上衣前、后省转移，完成刀背缝结构设计，同样选择【旋转复制】⟳工具将后裙片的腰省转移成摆量，前裙片腰省转移到造型省。选择【智能笔】✎工具，按住【Shift键】右击选定下摆线，结合款式图放合适的摆量及起翘量。选择【合并调整】工具调整下摆起翘量。运用【文字】T工具，标注好相关数值（图4-3-5所示、图4-3-6）。

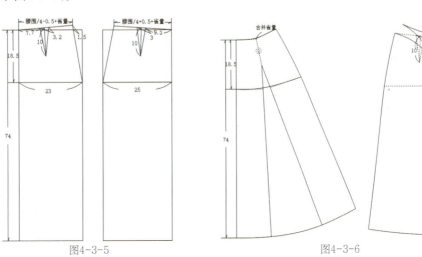

图4-3-5　　　　　　　　　　图4-3-6

第四步：绘制内部结构

选择【智能笔】![pen]工具，结合款式图进行前衣片腰部分割造型结构设计。运用【移动旋转复制】![icon]工具，将衣片腰部分割造型对接至裙片。选择【旋转复制】![icon]工具，放出左裙片下摆摆量，运用【展开去除余量】![icon]工具，绘制好右裙片褶量及造型。运用【设置线类型和颜色】![icon]工具，【线颜色】![blue]选择黑色，【线类型】——选择粗实线，标示出前后片外轮廓和部位轮廓（图4-3-7、图4-3-8）。

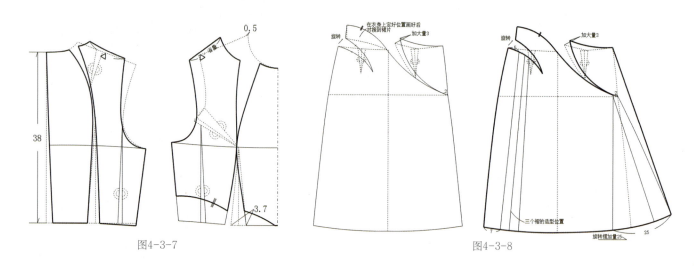

图4-3-7　　　　　　　　　　　　　　　　　　　　　　　图4-3-8

（三）绘制领贴、袖片（图4-3-9）

1. 绘制领贴

选择【智能笔】![pen]工具，长按左键拖动确定领贴宽度，选择【成组复制/移动】![icon]工具，从前、后领圈上将前、后领贴的造型移动复制出来。运用【移动旋转复制】![icon]工具，将前后领贴连接并调整好弧线的曲度。

2. 绘制袖片

选择【智能笔】![pen]工具，确定袖长、袖山高和袖口尺寸，选择【长度比较】![icon]工具，量取衣片前后袖窿弧线长度。运用【圆规】![icon]工具，以衣片前后袖窿弧线长度为参考确定好袖肥。选择【旋转复制】![icon]工具，根据款式效果完成泡泡袖结构设计，运用【调整工具】![icon]工具，调整袖口线，袖缝拼合后袖口应圆顺。

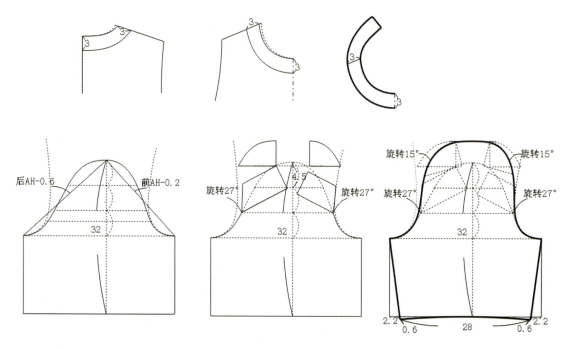

图4-3-9

（四）结构图排版

选择【成组复制/移动】⊞工具，将各结构图复制并移动，排好完整结构图版面。运用【布纹线】▱工具，标示好各部件纱向，并用【文字】工具，标注好相关结构图信息（图4-3-10、图4-3-11）。

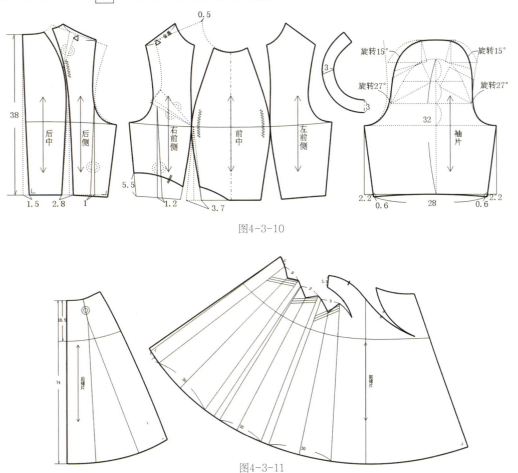

图4-3-10

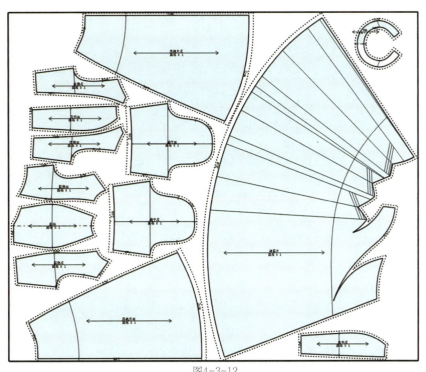

图4-3-11

（五）裁片排料

选择【剪刀】✂工具，按结构图裁剪样版，并识别出内部结构线。运用【缝份】工具，核对好各部位缝份。运用【布纹线】▱工具，确定各部件纱向，做好纸样信息。运用【剪口】工具，做好领袖等关键位置对刀位。在排料时要做到节约用料（图4-3-12）。

图4-3-12

任务3：不对称波浪褶连衣裙3D效果展示步骤

（一）导入版片

第一步：导入版片文件

执行【文件】—【导入】—【导入DXF】命令。将不对称波浪褶连衣裙版片导入制图软件中，并按照下图的形式将版片进行摆放（图4-3-13）。

图4-3-13

第二步：整理2D窗口版片

根据款式要求，整理不对称波浪褶连衣裙版片。按住【Shift键】选择前片、前偏襟、后片、袖子版片，右击选择【克隆对称版片（版片和缝纫线）】，生成对称的联动版片（图4-3-14）。（备注：分别选择需要生成的对称版片后，按住快捷键"Ctrl+D"也可以生成对称的联动版片。）

图4-3-14

（二）不对称波浪褶连衣裙建模

第一步：安排版片

在3D窗口中，点击【模特】 ![图标] —【安排点】 ![图标] ，打开模特安排点，按照版片在人体的位置，分别选择模特上对应的点，完成不对称波浪褶连衣裙所有版片的安排（图4-3-15）。（注意裙摆过大，在安排前裙片时，在【属性编辑视窗】将"安排"中的"间距"尺寸调到"100"。）

第二步：版片假缝

点击【开始】—【线缝纫】 ![图标] /【自由缝纫】 ![图标] 工具，按照款式的结构关系，在2D窗口或者3D窗口，依次点击前衣片分割弧线、后衣片分割弧线、侧缝、袖窿与袖山弧线、领贴弧线与领圈弧线、后裙片中缝、前后侧缝、腰部斜向分割线进行假缝（图4-3-16、图4-3-19）。[注：前裙片比较复杂，先将3个褶进行"合缝"，并将其倒向也进行缝合，然后再将其缝合到衣片腰线上（图4-3-17）。弧线褶可以先进行"剪切"，具体方法与旗袍项目腰省类似（图4-3-18）。]

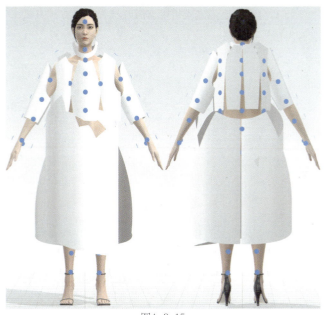

图4-3-15

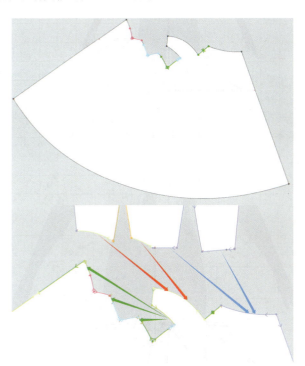

图4-3-17

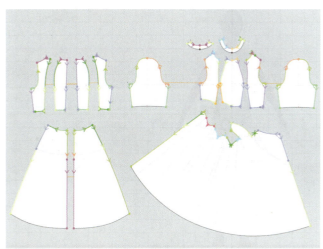

图4-3-16

剪切省

合缝

图4-3-18

图4-3-19

第三步：模拟

将不对称波浪褶连衣裙所有版片选择后，右键点击【硬化】，按空格键，开始模拟。模拟过程中可以拉拽面料，使衣身保持平衡（图4-3-20）。

图4-3-20

第四步：细节处理

1.波浪褶处理：为了减少缝纫线的厚度，选择小弧形褶，右键选择"剪切并缝纫"，将弧形褶剪掉。同时用【开始】—【勾勒轮廓】■工具将波浪褶的褶线和倒向线勾勒出来，然后在【属性编辑视窗】调整这些线的"折叠角度"（图4-3-21、图4-3-22）。（具体数值可以根据3D窗口模拟的效果，动态进行调整。）

2.在2D窗口，选择【开始】—【编辑版片】■工具，分别选择前后裙片的腰线、波浪褶线，在【属性编辑视窗】调整其"弹性"数值，并在个别部位"粘衬条"（图4-3-23）。（注意具体数值根据3D窗口效果，进行实时的调整。）

图4-3-21

图4-3-22

图4-3-23

第五步：全套模拟

1.在3D窗口，服装处于模拟状态下，选择模特，在【属性编辑视窗】完成模特动态、发型等的调整。

2.调整好人体姿态、平衡好服装关系后，在3D窗口选择【颜色】，将硬化和粘衬前面的勾取消，然后在2D窗口选择【工具】—【离线渲染】工具，在弹出的界面中，选择多图，并按照前面模块中数值进行相应设置，然后点击直接保存，得到整体模拟图（图4-3-24）。

图4-3-24

（三）**数字面料设置**

第一步：导入面料

选择【资源库】—【面料/材质】，选择"丝_斜纹绸16mm"面料，并填充到版片上。在【场景管理视窗】—【织物】中，单击添加的"丝—斜纹绸16mm"面料，进入【属性编辑视窗】进行色彩、纹理、贴图等的处理（图4-3-25）。

第二步：面料调整

根据面料在版片上产生的效果，对版片进行"粘衬"和"贴衬条"处理。框选需要粘衬的版片，在【属性编辑视窗】勾选"粘衬"。选择【素材】—【粘衬】工具，点选需要粘衬条的部位，在【属性编辑视窗】调整粘衬条的宽度（图4-3-26）。（注意如果需要删除粘衬的部位，则去掉勾选即可。）

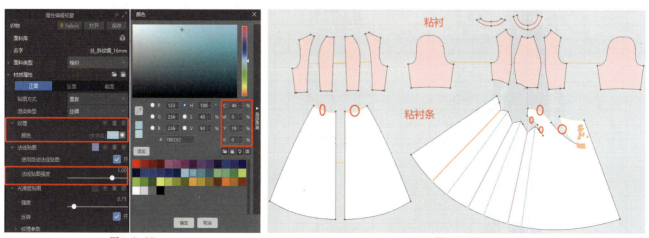

图4-3-25　　　　　　　　　　　　　　　　　　　图4-3-26

（四）渲染与展示

1. 在2D窗口，选择【开始】—【固定针】 ✐ 工具，先将波浪褶进行固定，调整另一侧的效果，边调整边进行局部固定，待调整稳定后，右键选择"删除选择的固定针"即可（图4-3-27）。选择所有版片，在【属性编辑视窗】中进行颜色、效果的调整，然后将"粒子间距"调整为"8~10"（小的零部件可以将数字调成小于5）。

图4-3-27

2. 选择【工具】—【离线渲染】 ▶ ，选择多图形式，弹出【3D快照】，在【图片】中，按照前几模块调节的尺寸进行调整，然后点击【本地渲染】，生成展示图片（图4-3-28）。

图4-3-28

项目一 波浪衬衫与微喇牛仔裤

任务1：波浪衬衫与微喇牛仔裤效果图

款式特征概述：

　　此款式为合体衬衫搭配微喇牛仔裤。X型；前后片收腰省，六粒扣；小立翻领；一片长袖，袖口开衩，装方型袖头；右前片波浪褶装饰从领口斜向转至袖肘处，左前片波浪褶装饰从腋下经门襟转至肩端处。弧形装腰牛仔裤；前片月牙袋，后片育克分割；裤子采用洗水工艺。

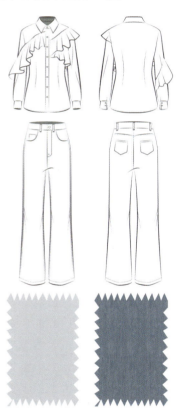

任务2：波浪衬衫与微喇牛仔裤CAD纸样绘制

一、波浪衬衫

（一）确定尺寸，制定规格尺寸表

　　分析款式造型要求，根据效果图、款式图确定成衣的长度和围度尺寸，绘制好规格尺寸表（表5-1-1）。

表5-1-1

部位	衣长	胸围	肩宽	袖长	袖口
尺寸（厘米）	65	94	39	58	22

（二）绘制前后片

第一步：导入CAD原型衣片

选择【工艺图库】 ![icon] 工具，在空白处点击左键从储存资源的文件库中调出绘制好的女装原型文件（图5-1-1）。选择【旋转复制】 ![icon] 工具，根据款式效果进行省转移，后片肩省转2/3到袖窿为松量；前片袖窿省合并1/2，其余留作袖窿松量（图5-1-2）。

第二步：完成框架图

选择【智能笔】 ![icon] 工具，按住【Shift键】右击选定在原型的基础上需要调整长度的线条——衣长、肩宽、胸围线、下摆线，输入需要调整的长度数值并定前、后片腰省、胸省。运用【设置线类型和颜色】 ![icon] 工具，【线颜色】 ![icon] 选择黑色，【线类型】 ![icon] 选虚线，标示处理后的原型（图5-1-3）。

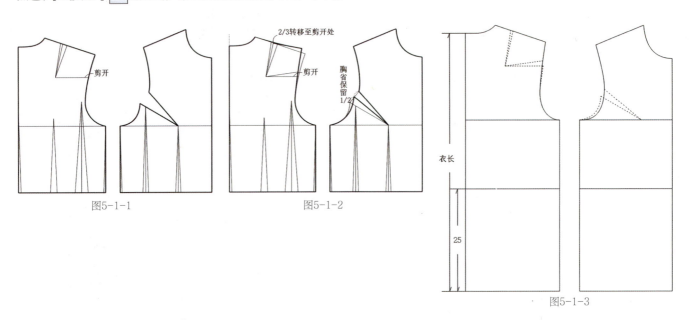

图5-1-1　　　　　　　　　图5-1-2　　　　　　　　　图5-1-3

第三步：完成结构图外轮廓

选择【调整工具】 ![icon] 工具，调整好衣片侧缝弧线、下摆弧线。选择【智能笔】 ![icon] 工具，绘制前片叠门线。选择【对称复制】 ![icon] 工具，点击前中线，复制出左前片，将前片分成左、右两片。运用【文字】 ![icon] 工具，标注好相关数值。运用【移动旋转复制】 ![icon] 工具，调整好前后袖窿弧线的曲度（图5-1-4）。

第四步：绘制内部结构

选择【智能笔】 ![icon] 工具，结合款式图绘制波浪造型分割线及波浪边宽度；运用【设置线类型和颜色】 ![icon] 工具，【线颜色】 ![icon] 选择黑色，【线类型】 ![icon] 选粗实线，画波浪分割线，波浪边宽度用黑色虚线表示（图5-1-5）。并用黑色粗实线标示出前后片外轮廓和部位轮廓（图5-1-6）。

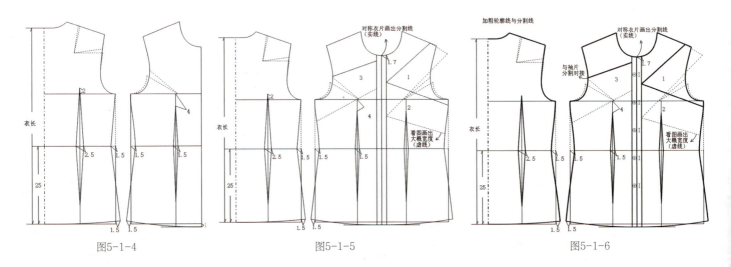

图5-1-4　　　　　　　　　图5-1-5　　　　　　　　　图5-1-6

（三）绘制袖片、零部件

1. 绘制袖片（图5-1-7）

选择【智能笔】 工具，绘制袖长、袖山高和袖口，选择【长度比较】 工具，量取衣片前后袖窿弧线长度。运用【圆规】 工具，以衣片前后袖窿弧线长度为参考确定好袖肥。运用【移动旋转复制】 工具，将袖子和前衣片袖窿拼接，选择【智能笔】 工具按款式图绘制袖片波浪边分割线，使袖片波浪分割与衣片分割连接自然；在袖口定出袖衩及袖口褶。

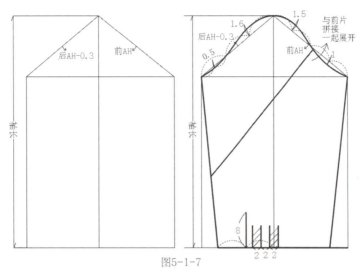

图5-1-7

2. 绘制领子

选择【长度比较】 工具，量取衣片前后领圈弧线长度。运用【智能笔】 工具，确定领座、翻领高度及领角长度，运用【圆规】 工具，参考前后领圈弧长画好翻领及领座弧线。运用【调整工具】 工具，调整领底弧线和外领弧线，完成领片结构（图5-1-8）。

3. 绘制其他零部件

运用【智能笔】 工具，参考袖口长度画好袖克夫。选择【成组复制/移动】 工具，从前衣片上将波浪分割的造型移动复制出来，运用【展开/去除余量】 工具，根据款式图波浪量，对三块波浪边进行展开设计，袖子上波浪边和衣片连接在一起并展开。选择【调整工具】 工具，调整好波浪边弧线。

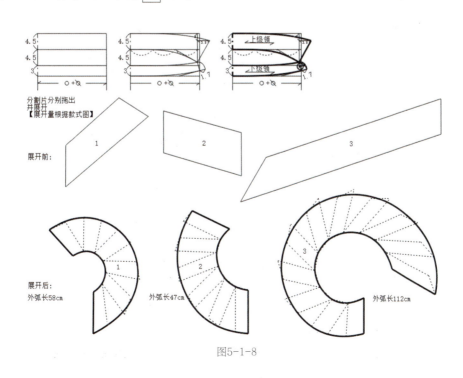

图5-1-8

（四）结构图排版

选择【成组复制/移动】工具，将各结构图复制并移动，排好完整结构图版面。运用【布纹线】工具，标示好各部件纱向，并用【文字】工具，标注好相关结构图信息（图5-1-9）。

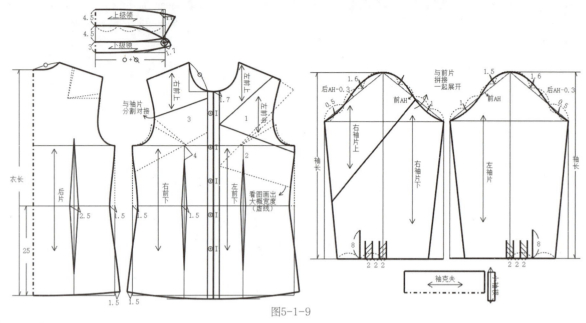

图5-1-9

（五）裁片排料

选择【剪刀】工具，按结构图裁剪样版，并识别出内部结构线。运用【布纹线】工具，确定各部件纱向，做好纸样信息。运用【剪口】工具，做好衣身、领袖等关键位置对刀位。在排料时要做到节约用料（图5-1-10）。

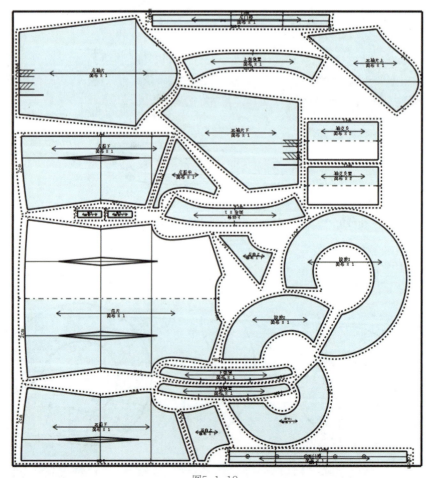

图5-1-10

二、微喇牛仔裤

（一）确定尺寸，制定规格尺寸表

分析款式造型要求，根据款式图确定裤子的长度和围度尺寸，整理绘制好规格尺寸表（表5-1-2）。

表 5-1-2

部位	裤长	臀围	腰围	脚口
尺寸（厘米）	111	94	68	49

（二）绘制前后片

第一步：完成框架图

选择【智能笔】 工具，定好裤长、腰围、臀围、前小裆、后裆等尺寸。运用【等分规】 工具，从臀围线到脚口的二分之一处上提3.5cm，定好中裆线、画好前后裤中线（图5-1-11）。

第二步：完成结构图外轮廓

运用【调整工具】 工具，调整前后裆线、前后侧缝、下裆缝弧线。运用【文字】 工具，标注好相关数值（图5-1-12）。

第三步：绘制内部结构

选择【智能笔】 工具，结合款式图进行前裤子口袋的结构设计、定后片机头位置、后片袋位及袋型、门襟，运用【插入省/褶】 工具，绘制后腰省。选择选择【成组复制/移动】 工具，将后裤片机头复制并移动，运用选择【旋转复制】 工具，将腰省合并，再选择【调整工具】 工具，将机头弧线调顺。运用【设置线类型和颜色】 工具，【线颜色】 选黑色，【线类型】 选粗实线，标示出外轮廓和部位轮廓（图5-1-13）。

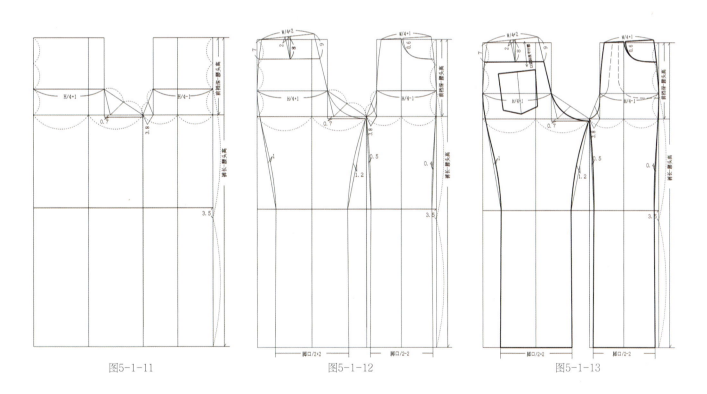

图5-1-11　　　　　　　图5-1-12　　　　　　　图5-1-13

（三）绘制零部件

运用【智能笔】 工具，参考腰围尺寸绘制腰头、里襟。运用【圆弧】 工具，按下【Shift键】鼠标变成圆的标志后画出腰头纽扣。选择【成组复制/移动】 工具，从前裤片上将门襟、袋布、袋垫布移动复制出来，从后裤片将后贴袋移动复制出来（图5-1-14）。

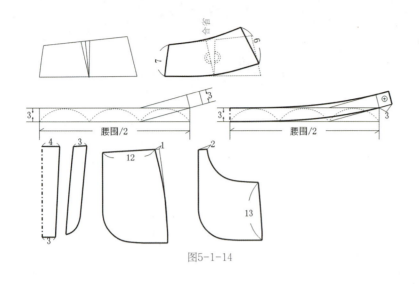

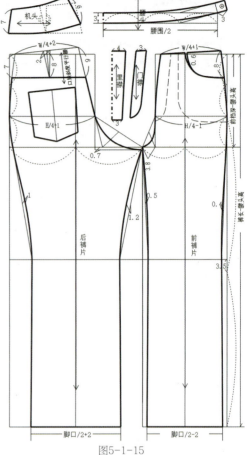

图5-1-14

图5-1-15

（四）结构图排版

选择【成组复制/移动】工具，将各结构图复制并移动，排好完整结构图版面。运用【布纹线】工具，标示好各部件纱向，并用【文字】工具，标注好相关结构图信息（图5-1-15）。

（五）裁片排料

选择【剪刀】工具，按结构图裁剪样版，并识别出内部结构线。运用【布纹线】工具，确定各部件纱向，填写好纸样信息。运用【剪口】工具，做好袋位、前后裤片等关键位置对刀位。在排料时要做到节约用料（图5-1-16）。

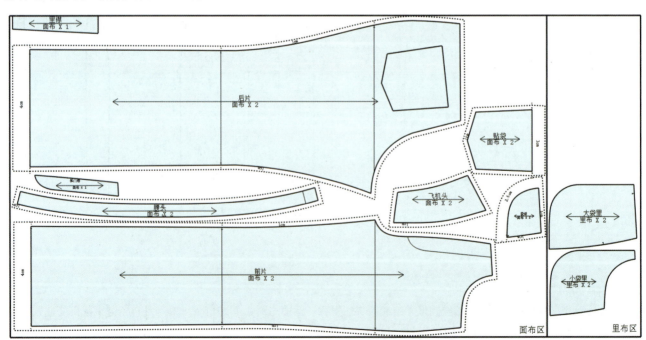

图5-1-16

任务3：波浪衬衫与微喇牛仔裤3D效果展示步骤

（一）导入版片

第一步：导入版片文件

执行【文件】—【导入】![icon]—【导入DXF】命令。将衬衫与牛仔裤版片导入平面制图软件中（图5-1-17）。

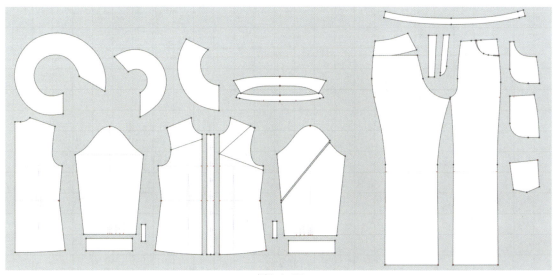

图5-1-17

第二步：整理2D窗口版片

1.根据款式要求，整理波浪衬衫与牛仔裤版片。执行【编辑版片】![icon]命令，选择后中心线，右击选择【边缘对称】命令，生成版片另一半（图5-1-18）。

2.执行【选择】命令，按住【Shift键】选择前片门襟、裤子前片（包括口袋）、裤子后片（包括育克），右击选择【克隆对称版片（版片和缝纫线）】，生成缺失的衣片及裤片（图5-1-19）。

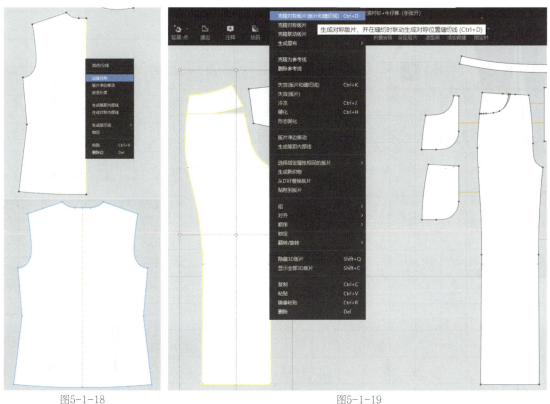

图5-1-18 图5-1-19

3.按照2D窗口中模特摆放位置，将所有版片，排列好位置。在3D窗口，右键选择"按照2D位置重置版片"，将3D窗口中的版片也进行相应的位置调整和摆放（图5-1-20）。

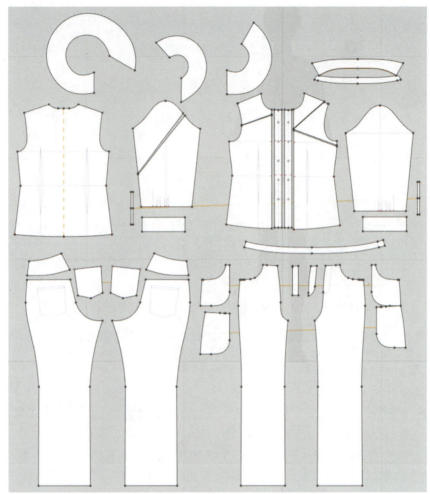

图5-1-20

（二）波浪衬衫建模

第一步：安排版片

在3D窗口中，点击【模特】—【安排点】，打开模特安排点，按照版片在人体的位置，分别选择模特上对应的点，依次完成波浪衬衫版片的安排（图5-1-21）。

第二步：版片假缝

1.点击【勾勒轮廓】工具，按住【Shift键】依次点击后片省道、前片省道、袖子褶位叉位并右击选择【勾勒为内部线/图形】（图5-1-22）。

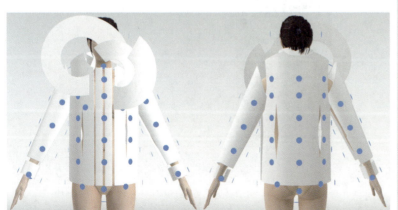

图5-1-21

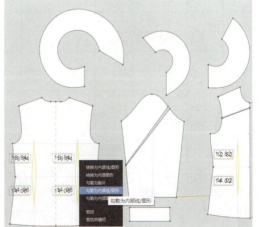

图5-1-22

2.执行【编辑版片】□命令，按住【Shift键】按依次点击后片省道、前片省道，右击【剪切】，并删除（图5-1-23）。

3.在菜单栏中，点击【开始】—【线缝纫】🪡 /【自由缝纫】🪡工具，在2D窗口或者3D窗口，按照款式的结构关系，依次点击假缝位置，将前片、后片、袖子、袖克夫、领子、进行假缝（图5-1-24）。

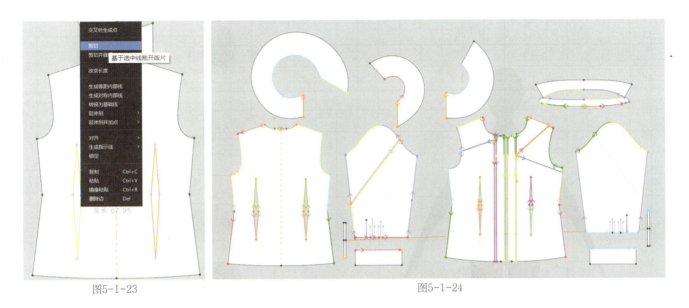

图5-1-23   图5-1-24

4.缝合袖克夫，在菜单栏中，点击【自由缝纫】🪡工具，选择袖克夫最右边的缝合起点1，到最左边的缝合结束点5结束。选择袖片，按住【Shift键】从袖衩的左边缝合起点1开始，到袖衩条缝合结束点5结束。松开【Shift键】（图5-1-25、图5-1-26）。

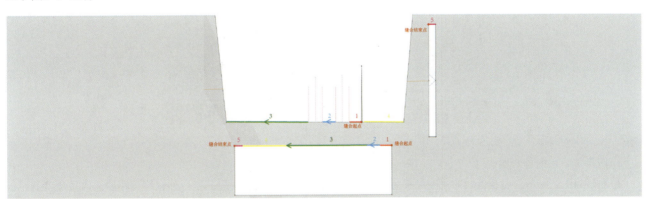

图5-1-25

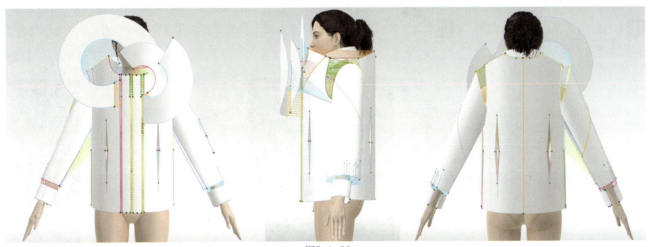

图5-1-26

第三步：初步模拟与调整

模拟前选择三块波浪版片、袖衩，右键版片点击【失效（版片和缝纫线）】，将波浪衬衫缝合好的版片选择后，右键点击【硬化】，按空格键，开始模拟。模拟过程中可以拉拽面料，使衣身保持平衡。模拟完成后，可以先将波浪衬衫冷冻，执行【选择】，框选缝合好的波浪衬衫版片，右击【冷冻】（图5-1-27、图5-1-28）。

图5-1-27

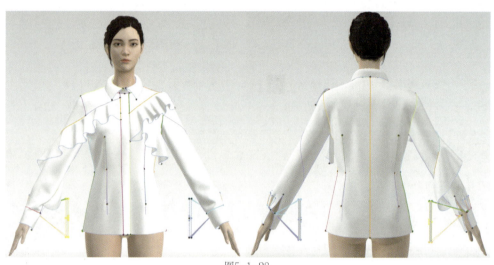

图5-1-28

第四步：工艺细节处理

1.袖衩的工艺细节。将翻折线的角度设置为360°、0°。从褶中心点向两边缝合。袖衩缝合在袖片袖衩开口上，叠在上层的袖衩缝合类型选择【合缝】。根据扣位，设置纽扣与扣眼。袖克夫、袖衩条添加粘衬（图5-1-29）。

2.领子的工艺细节。用【勾勒轮廓】工具，点击翻领翻折线，右击选择【勾勒为内部线/图形】。用【折叠安排】工具翻折领片，用【编辑版片】工具，在领片翻折线上点击右键【生成等距内部线】，间距为0.1，两端，内部线延伸至净边（图5-1-30）。

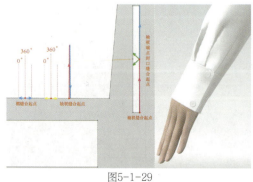

图5-1-29

图5-1-30

3.设置内部线折叠角度在210°~240°之间。关闭折叠渲染，翻领、领座、门襟添加粘衬（图5-1-31）。

4.确定纽扣、扣眼，系纽扣，在点击【素材】,【扣眼】 工具，在左门襟上右击，弹出"添加扣眼对话框"，按照要求设置扣眼定位与数量。再点击【纽扣】 工具，方法同扣眼一样。属性编辑视窗可调整扣眼、纽扣的宽度、厚度。最后用【系纽扣】 工具依次单击纽扣和扣眼系纽扣（图5-1-32）。

5.模拟整理，将波浪衬衫冷冻并隐藏（图5-1-33）。

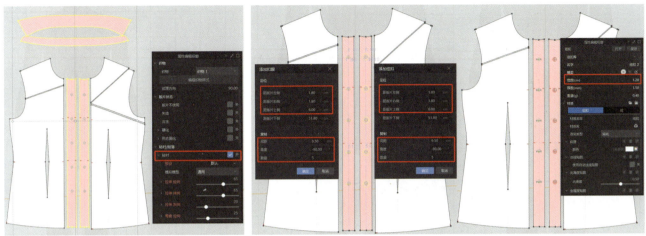

图5-1-31 图5-1-32

图5-1-33

（三）微喇牛仔裤建模

第一步：安排版片

在3D窗口中，点击【模特】 —【安排点】 ，打开模特安排点，点击2D窗口中牛仔裤版片，点击3D窗口中模特位置安排点。按照规律依次安排完成牛仔裤所有版片的安排（图5-1-34）。

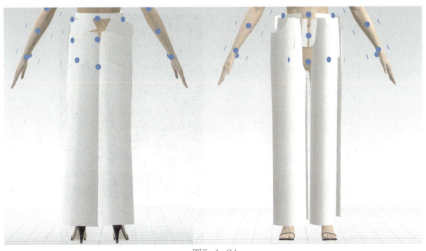

图5-1-34

第二步：版片假缝

在菜单栏中，点击【开始】—【线缝纫】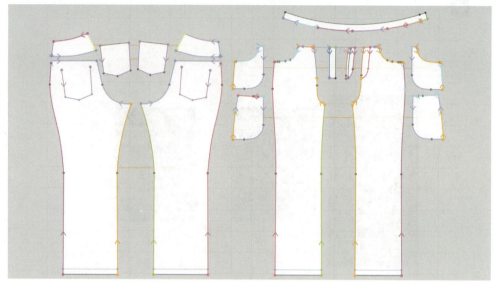/【自由缝纫】工具，在2D窗口或者3D窗口，按照款式的缝纫关系，依次点击假缝位置，将前片、后片、后片育克、后口袋、腰头、口袋布进行假缝（图5-1-35、图5-1-36）。

图5-1-35

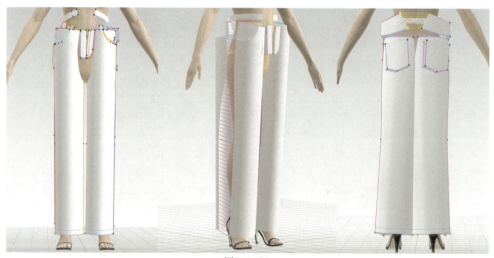

图5-1-36

第三步：初步模拟与调整

1.将牛仔裤袋布设置层数为-1，在前片上右键单击【隐藏版片】，在模拟状态下将袋布调整平顺（图5-1-37）。

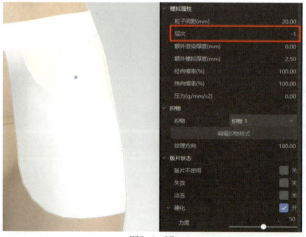

图5-1-37

2.所有版片选择后，右键点击【硬化】，按空格键，开始模拟。模拟过程中可以拉拽版片，调整细节（图5-1-38）。

图5-1-38

第四步：工艺细节处理

1.拉链的工艺处理：门襟、里襟添加粘衬。按照装拉链位置的要求，更改版片，用【编辑版片】▢工具，在门襟边上右键【生成等距内部线】，间距为1，默认方向，内部线延伸至净边。利用【加点】✏工具，分别在门襟、里襟边上距离端点0.5cm处增加点（图5-1-39）。

2.选择【素材】—【拉链】🔶，点击里襟缝合起点到终点，双击结束。再点击门襟缝合起点到终点，双击结束（图5-1-40）。

3.选择拉链，在【属性编辑视窗】设置拉链参数，如：拉齿改为0.5，拉头改为#3号，拉止改成闭合型。开始模拟（图5-1-41）。

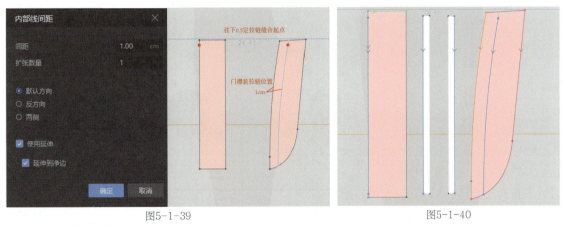

图5-1-39 图5-1-40

图5-1-41

4.点击【编辑版片】□工具，在2D视窗，选择裤脚边，右击选择【版片净边移动】，间距2.5，选择生成内部线（图5-1-42）。

5.在菜单栏中，选择【折叠安排】▮工具，在3D视窗中，将裤脚口向内翻折，折叠完成后缝纫，翻折线生成两侧等距内部线（图5-1-43）。

图5-1-42

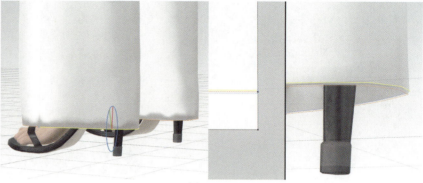

图5-1-43

6.添加扣眼、纽扣，最后模拟（图5-1-44）。

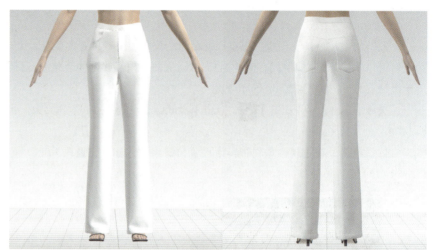

图5-1-44

第五步：全套模拟

在裤子模拟好的情况下，设置层次为-1层，并将它【冷冻】，将波浪衬衫显示所有版片，设置层次为1层，并【解冻】，按空格键模拟，模拟过程中可以拉拽波浪衬衫底摆面料，使衬衫在裤子外面。模拟好后，将裤子解冻，再次模拟。调整模特姿势为【I】（图5-1-45）。

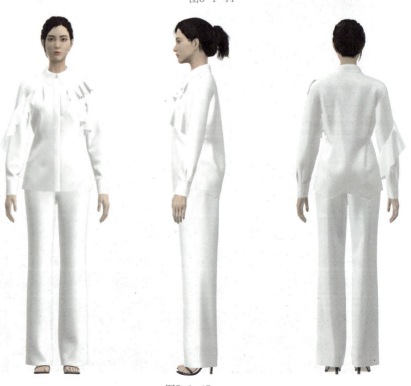

图5-1-45

（四）数字面辅料设置

第一步：面料设置

1.面料选择（图5-1-46）

方法一：扫描好需要的面料，并确定名称，如波浪衬衫面料、牛仔裤面料，添加到场景视窗中【当前】【织物】中。

图5-1-46

方法二：选择【资源库】【面料/材质】，挑选合适的波浪衬衫面料、牛仔裤面料。双击添加面料到场景视窗中。

同时利用Photoshop软件，处理好牛仔面料的水洗效果贴图、牛仔裤明线贴图。并添加到场景视窗中【当前】【图案】、【明线】中（图5-1-47）。

图5-1-47

2.填充面料（图5-1-48）

（1）在2D窗口或者3D窗口，选择波浪衬衫前后片、袖子版片，点击在场景视窗中【当前】【织物】，右击"波浪衬衫面料"，选择【应用到选中版片】。（注意选择面料的时候可以框选面料，也可以按住【Shift键】依次点选。）

（2）用同样的方法，完成牛仔裤的面料填充。

（3）在面料属性编辑器，添加扫描面料的法线贴图，使面料具有层次感。模拟，观察填充面料的效果。可以在属性编辑器调整面料属性。（参考模块一中的面料属性调节）

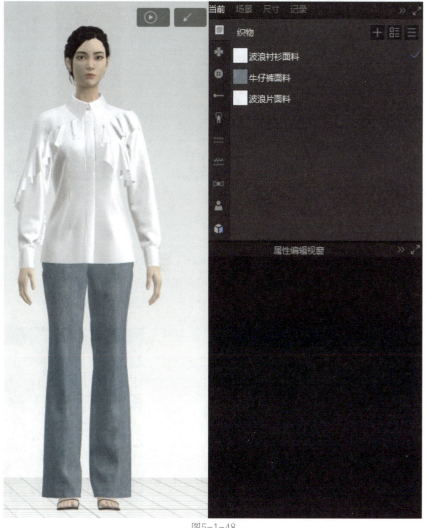

图5-1-48

第二步：特殊效果处理

1.选择【场景管理视窗】【素材】【当前】【图案】，添加"裆部猫须效果""漂白效果"贴图，选择【图案】工具，放于裤子版片裆部合适位置上，用【调整图案】工具调整贴图角度和大小并翻转（图5-1-49、图5-1-50）。

2.点击贴图，在属性编辑视窗中打开"透明度贴图"，根据效果调整透明度（图5-1-51）。

图5-1-49

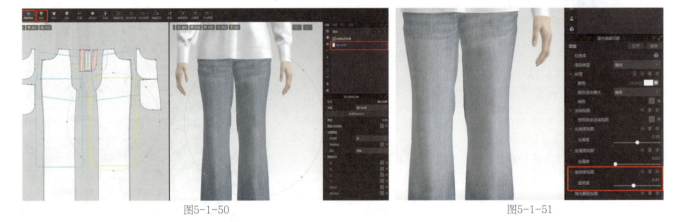

图5-1-50   图5-1-51

第三步：辅料设置

1.纽扣与扣眼：用【纽扣】和【扣眼】工具分别在腰头的对应位置上单击，创建纽扣和扣眼，属性编辑视窗可调整角度，用【系纽扣】工具依次单击纽扣和扣眼系纽扣（图5-1-52）。在属性编辑视窗中编辑纽扣样式，在材质库中选择合适的扣子，在【纹理】中更改扣子纹理及颜色（图5-1-53）。

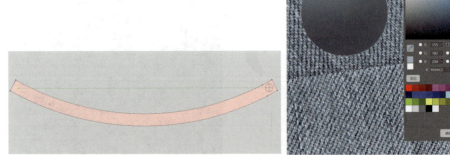

图5-1-52   

图5-1-53

2.明线：

波浪衬衫明线：点击【素材】—【线段明线】/【自由明线】工具，点击默认明线，在属性编辑视窗中，设置明线的数据，在2D窗口或者3D窗口，按照款式的结构关系，依次点击需要设置明线的位置，如领子、门襟、袖克夫、底摆（图5-1-54）。牛仔裤明线：添加纹理和法线贴图，根据款式等调整明线参数，在拼缝处添加所创建的明线；根据牛仔裤工艺设置明线参数，并在对应位置进行明线应用（图5-1-55、图5-1-56）。

图5-1-54

双线阴影1

图5-1-55

图5-1-56

（五）渲染与展示

选择所有版片，在【属性编辑视窗】中进行颜色、效果的调整，然后将"粒子间距"调整为"8~10"（小的零部件可以将数字调成小于5）。选择【工具】—【离线渲染】，选择多图形式，弹出【3D快照】，在【图片】中，按照调节的尺寸进行调整，然后点击【本地渲染】，生成展示图片（图5-1-57）。

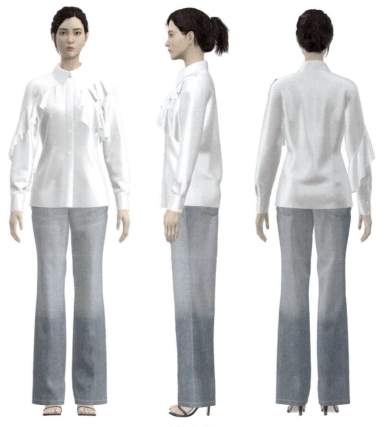

图5-1-57

项目二　翻领宽松衬衫与破洞牛仔裤

任务1：翻领宽松衬衫与破洞牛仔裤效果图

款式特征概述：

　　此款式为宽松衬衫搭配破洞牛仔裤。H型；立翻领，暗门襟；前、后侧折边设计，压明线装饰；一片式喇叭长袖，袖口装宽袖头。装腰牛仔裤，前片月牙袋，后片育克分割，左右各设一个贴袋；裤片做破洞工艺处理。

任务2：翻领宽松衬衫与破洞牛仔裤CAD纸样绘制

一、翻领宽松衬衫

（一）确定尺寸，制定规格尺寸表

　　分析款式造型要求，根据效果图、款式图确定成衣的长度和围度尺寸，绘制好规格尺寸表（表5-2-1）。

表 5-2-1

部位	衣长	胸围	肩宽	领围	袖长	袖口
尺寸（厘米）	65	94	39	36	58	21

（二）绘制前后片

第一步：导入CAD原型衣片

选择【工艺图库】▦工具。在空白处点击左键从储存资源的文件库中调出绘制好的女装原型文件（图5-2-1）。根据款式特征调整原型，选择【旋转复制】▧工具，根据款式效果进行省转移，后片肩省转2/3到袖窿为松量；前片袖窿省合并1/2，其余留作袖窿松量（图5-2-2）。（备注：旋转复制工具快捷键"CTRL+B"。）

第二步：完成框架图

选择【智能笔】✎工具，按住【Shift键】右击选定在原型的基础上需要调整长度的线条——衣长、肩宽、胸围线、下摆线，输入需要调整的长度数值，并定前、后片腰省、胸省。运用【设置线类型和颜色】┅工具，【线颜色】■选黑色，【线类型】—选虚线，标示处理后的原型（图5-2-3）。

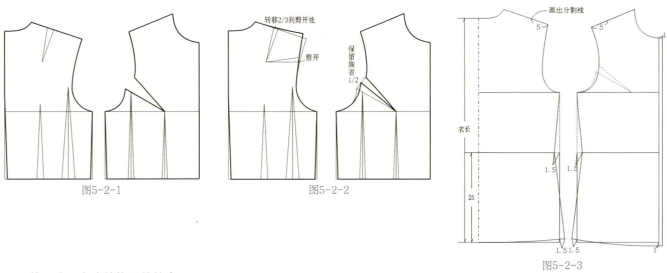

图5-2-1　　　　　　　图5-2-2　　　　　　　图5-2-3

第三步：完成结构图外轮廓

选择【调整工具】↖工具，调整好前后片侧缝弧线、下摆弧线。运用【对接】工具，调整好前后袖窿弧线的曲度。择【智能笔】✎工具，绘制前片叠门线（图5-2-4）。

第四步：绘制内部结构，做暗门襟及褶造型

选择【智能笔】✎工具，根据款式效果绘制衣片分割线。选择【成组复制/移动】▦工具，将前中、后中复制出来，运用【智能笔】✎工具，根据褶的宽度作平行线。选择【对称复制】△工具，点击褶中线，复制出褶的另一半；选择【成组复制/移动】▦工具，将前片分成左、右两片，选择【智能笔】✎工具，绘制暗门襟（图5-2-5）。运用【文字】T工具，标注好相关数值。运用【设置线类型和颜色】┅工具，【线颜色】■选黑色，【线类型】—选粗实线，标式结构轮廓，选点划线标示需要对折的部位（图5-2-6）。

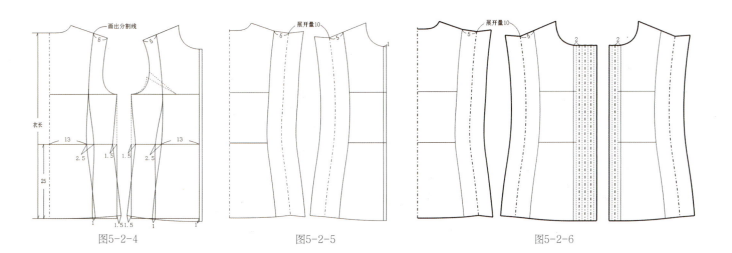

图5-2-4　　　　　　　图5-2-5　　　　　　　图5-2-6

（三）绘制袖片、零部件

1. 绘制袖片

选择【智能笔】🖊工具，绘制袖长、袖山高和袖口，选择【长度比较】🖊工具，量取衣片前后袖窿弧线长度。运用【圆规】🅰工具，以衣片前后袖窿弧线长度为参考确定好袖肥。运用【展开/去除余量】🦋工具，根据款式效果做袖口展开。选择【调整工具】➤工具，调整好袖山弧线、袖口弧线（图5-2-7）。

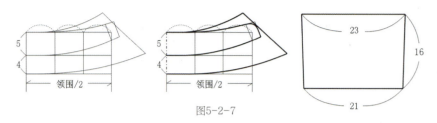

图5-2-7

2. 绘制领子

选择【长度比较】🖊工具，量取衣片前后领圈弧线长度。运用【智能笔】🖊工具，确定领座、翻领高度及领角长度，运用【圆规】🅰工具，参考前后领圈弧长画好翻领及领座弧线。运用【调整工具】➤工具，调整领底弧线和外领弧线，完成领片结构（图5-2-8）。

3. 绘制袖克夫（图5-2-8）

运用【智能笔】🖊工具，参考袖口长度画好袖克夫。

选择【成组复制/移动】🔘工具，将各结构图复制并移动，排好完整结构图版面。运用【布纹线】🖼工具，标示好各部件纱向，并用【文字】🅣工具，标注好相关结构图信息。

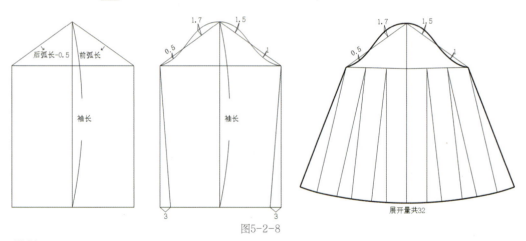

图5-2-8

（四）结构图排版

选择【成组复制/移动】🔘工具，将各结构图复制并移动，排好完整结构图版面。运用【布纹线】🖼工具，标示好各部件纱向，并用【文字】🅣工具，标注好相关结构图信息（图5-2-9）。

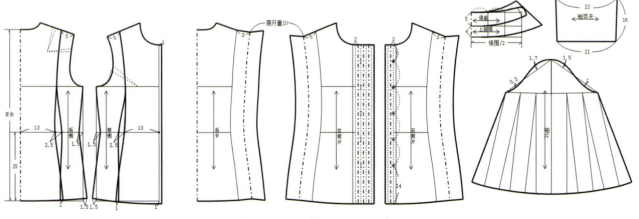

图5-2-9

（五）裁片排料

选择【剪刀】 ✂️工具，按结构图裁剪样版，并识别出内部结构线。运用【布纹线】 🖌️工具，确定各部件纱向，做好纸样信息。运用【剪口】 📐工具，做好衣身、领袖等关键位置对刀位。在排料时要做到节约用料（图5-2-10）。

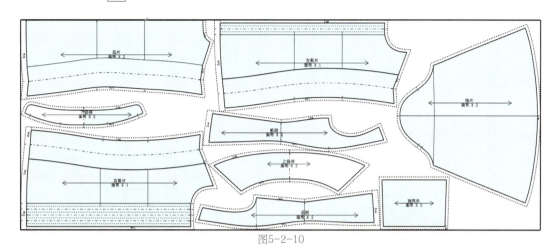

图5-2-10

二、破洞牛仔裤

（一）确定尺寸，制定规格尺寸表

分析款式造型要求，根据款式图确定裤子的长度和围度尺寸，整理绘制好规格尺寸表（表5-2-2）。

表5-2-2

部位	裤长	臀围	腰围	脚口
尺寸（厘米）	104	94	68	49

（二）绘制前后片

第一步：完成框架图

选择【智能笔】 ✏️工具，定好裤长、腰围、臀围、前小裆、后裆等尺寸。运用【等分规】 ↔️工具，从臀围线到脚口的二分之一处上提3cm，定好中裆线，选择【智能笔】 ✏️工具，画好裤中线（图5-2-11）。

第二步：完成结构图外轮廓

运用【调整工具】 ➤工具，调整前后裆线，前后侧缝、下裆缝弧线。运用【文字】 🅃工具，标注好相关数值（图5-2-12、图5-2-13）。

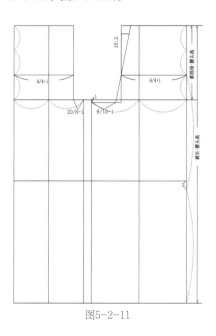

图5-2-11

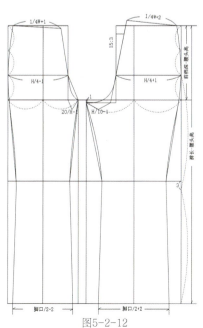

图5-2-12

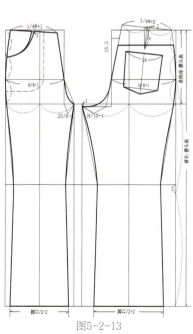

图5-2-13

127

第三步：绘制内部结构

选择【智能笔】工具，结合款式图进行裤子口袋如前片袋布、定后片机头位置、后片袋位及袋型、门襟的结构设计，运用【插入省/褶】工具，绘制后腰省。选择【成组复制/移动】工具，将后裤片机头复制并移动，运用选择【旋转复制】工具，将腰省合并，再选择【调整工具】工具，将机头弧线调顺。运用【设置线类型和颜色】工具，【线颜色】选择黑色，【线类型】—选粗实线，标示出外轮廓和部位轮廓（图5-2-14）。

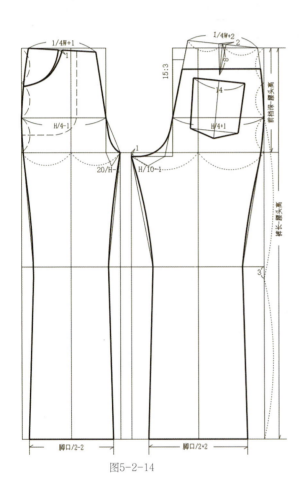

图5-2-14

（四）结构图排版

选择【成组复制/移动】工具，将各结构图复制并移动，排好完整结构图版面。运用【布纹线】工具，标示好各部件纱向，并用【文字】工具，标注好相关结构图信息（图5-2-16）。

（三）绘制零部件

运用【智能笔】工具，参考腰围尺寸绘制腰头、里襟。运用【圆弧】工具，按下【Shift键】，鼠标变成圆的标志后画出腰头纽扣。选择【成组复制/移动】工具，从前裤片上将门襟、袋布、袋垫布移动复制出来，从后裤片将后贴袋移动复制出来（图5-2-15）。

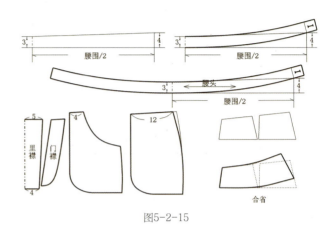

图5-2-15

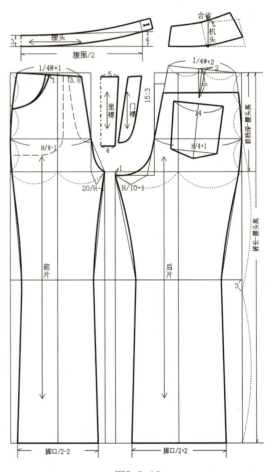

图5-2-16

（五）裁片排料

选择【剪刀】✂工具，按结构图裁剪样版，并识别出内部结构线。运用【布纹线】🖼工具，确定各部件纱向，填写好纸样信息。运用【剪口】🖼工具，做好袋位、前后裤片等关键位置对刀位。在排料时要做到节约用料（图5-2-17）。

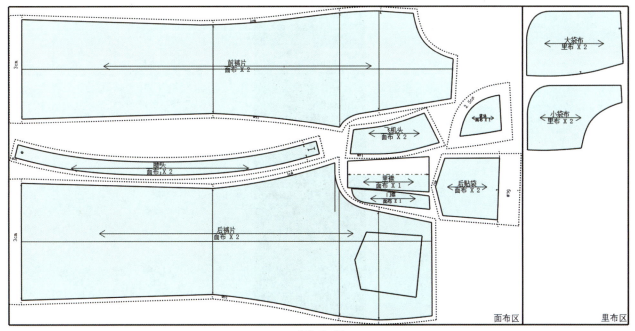

图5-2-17

任务3：翻领宽松衬衫与破洞牛仔裤3D效果展示步骤

（一）导入版片

第一步：导入版片文件

执行【文件】—【导入】📥—【导入DXF】命令，将翻领宽松衬衫与破洞牛仔裤导入平面制图软件中。

第二步：整理2D窗口版片

1.根据款式要求，整理翻领宽松衬衫与破洞牛仔裤版片。执行【编辑版片】🔲命令，选择后中心线，右击选择【边缘对称】命令，生成版片另一半（图5-2-18）。

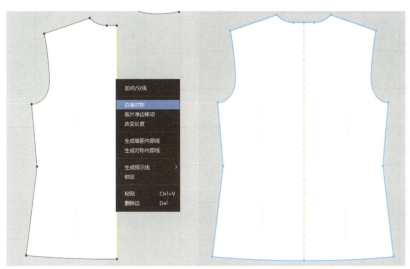

图5-2-18

2.执行【选择】命令，按住【Shift键】选择前片门襟、裤子前片（包括口袋）、裤子后片（包括育克），右击选择【克隆对称版片（版片和缝纫线）】。生成缺失的衣片及裤片（图5-2-19）。

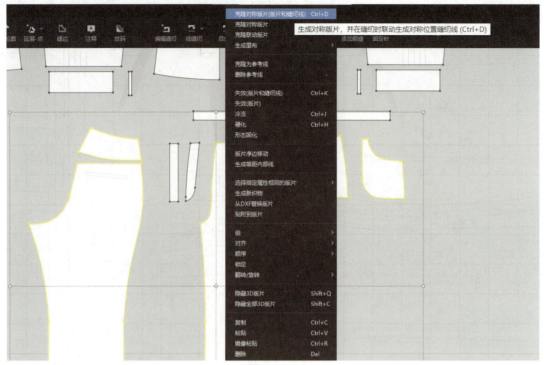

图5-2-19

3.按照2D窗口中模特摆放位置，将所有版片排列好位置。在3D窗口，右键选择【按照2D位置重置版片】，将3D窗口中的版片也进行相应的位置调整和摆放（图5-2-20）。

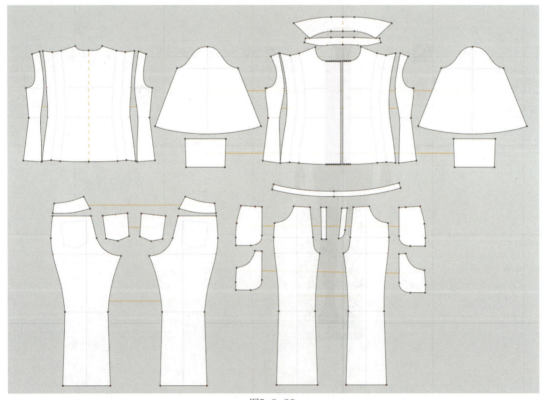

图5-2-20

（二）翻领宽松衬衫建模

第一步：安排版片

在3D窗口中，点击【模特】 —【安排点】 ，打开模特安排点，按照版片在人体的位置，分别选择模特上对应的点，依次完成翻领宽松衬衫版片的安排（图5-2-21）。

第二步：版片假缝

1.点击【勾勒轮廓】 工具，按住【Shift键】依次点击暗门襟线、前片褶位、后片褶位、领子翻折线，右键点击选择【勾勒为内部线/图形】（图5-2-22）。

2.在菜单栏中，点击【开始】—【线缝纫】 /【自由缝纫】 工具，在2D窗口或者3D窗口，按照款式的结构关系，依次点击假缝位置，将前片、后片、袖子、袖克夫、领子进行假缝（图5-2-23）。（注意前后片褶位缝合时，将缝纫类型改为合缝）

图5-2-21

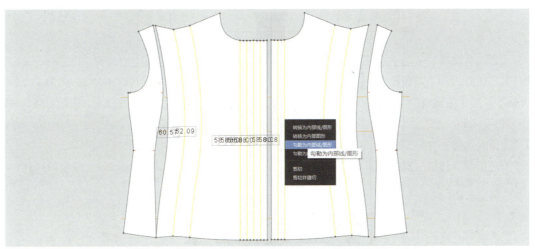

图5-2-22

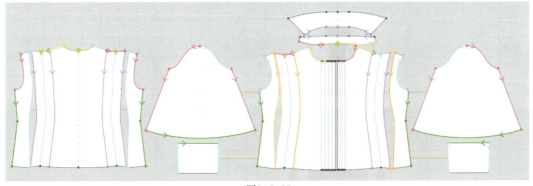

图5-2-23

第三步：初步模拟与调整

1.将翻领宽松衬衫缝合好的版片选择后，右键点击【硬化】，按空格键，开始模拟。模拟过程中可以拉拽面料，使衣身保持平衡（图5-2-24、图5-2-25）。

图5-2-24

图5-2-25

第四步：工艺细节处理

1.领子的工艺细节：用【勾勒轮廓】 ⧉ 工具，点击翻领翻折线，右击选择【勾勒为内部线/图形】。用【折叠安排】 ⧉ 工具翻折领片，用【编辑版片】 ⬜ 工具，在领片翻折线上点击右键【生成等距内部线】，间距为0.1，两端，内部线延伸至净边（图5-2-26）。

设置内部线折叠角度在210°~240°之间。关闭折叠渲染，翻领、领座、门襟添加粘衬。

2.暗门襟工艺细节。将暗门襟折叠角度设置为0°、360°、0°。根据暗门襟折叠效果，缝合门襟线，从翻折点向两边缝合，缝合类型为【合缝】（图5-2-27）。

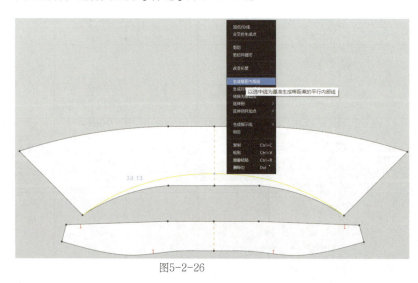

图5-2-26

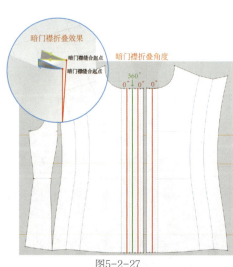

图5-2-27

3. 暗门襟扣子设置：点击【素材】—【扣眼】 ![bar] 工具，在2D窗口中，左片裁片上，右击弹出【添加扣眼】对话框，填写关键数据，"距版片右侧3"，"距版片上侧2"，"复制间距10"，"数量5"，确定扣眼位置。用同样的方法，用【纽扣】 ![button] 工具，完成另一片扣子位置。用【系纽扣】 ![button] 工具依次单击纽扣和扣眼系纽扣（图5-2-28）。

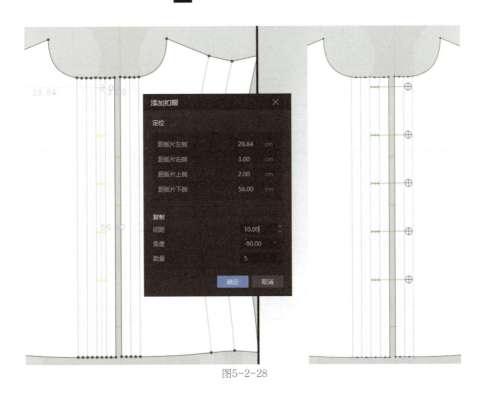

图5-2-28

4. 衣片褶细节处理：用【编辑版片】 ![square] 工具，点击翻折线，在【属性编辑视窗】将折叠角度调整到0°。用【编辑版片】 ![square] 工具继续右键点击翻折线，【生成等距内部线】，间距为0.1，两端，内部线延伸至净边（图5-2-29）。

5. 模拟整理，在开始裤子建模前，将翻领宽松衬衫【冷冻】并隐藏。

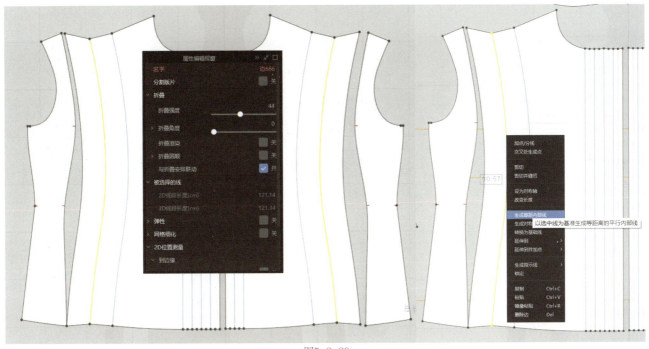

图5-2-29

（三）破洞牛仔裤建模

破洞牛仔裤的建模步骤，参考模块五项目一任务3中"（三）微喇牛仔裤建模"的第一步至第四步（图5-2-30）。

图5-2-30

全套模拟，在裤子模拟好的情况下，设置层次为-1层，并将它【冷冻】，显示翻领宽松衬衫所有版片，设置层次为1层，并【解冻】，按空格键模拟，模拟过程中可以拉拽翻领宽松衬衫底摆面料，使衬衫在裤子外面。模拟好后，将裤子解冻，再次模拟。调整模特姿势为【I】。可以更改发型、鞋子等（图5-2-31）。

图5-2-31

（四）数字面料设置

第一步：面料设置

翻领宽松衬衫与破洞牛仔裤的面料设置参考模块五项目一任务3"（四）数字面料设置"的"第一步：面料设置"和"第二步：特殊效果处理"。

第二步：辅料设置

参考模块五项目一任务3"（四）数字面料设置"的"第三步：辅料设置"，完成扣子与明线设置（图5-2-32）。

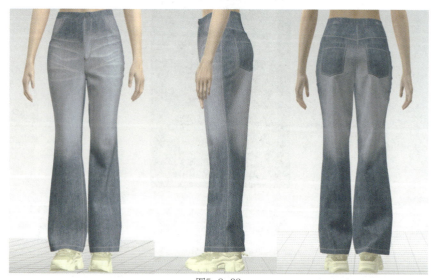

图5-2-32

第三步：破洞效果处理

1. 添加破洞贴图，用【图案】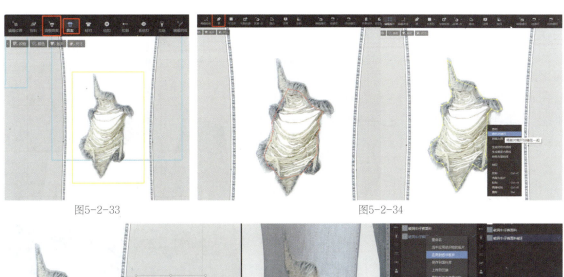工具添加至牛仔裤前片，用【调整图案】工具调整贴图角度和大小（图5-2-33）。

2. 用"笔"工具围绕破洞贴图形状绘制闭合图形。

3. 用【编辑版片】工具，右键单击闭合内部图形，选择【剪切并缝纫】（图5-2-34）。

4. 添加织物，在属性编辑视窗中将透明度调为0，并应用在剪切出来的版片上（图5-2-35）。

5. 在属性编辑视窗中调整面料物理属性，打开模拟使牛仔褶皱更加自然。

图5-2-33　　　　　　　　　　　　　　图5-2-34

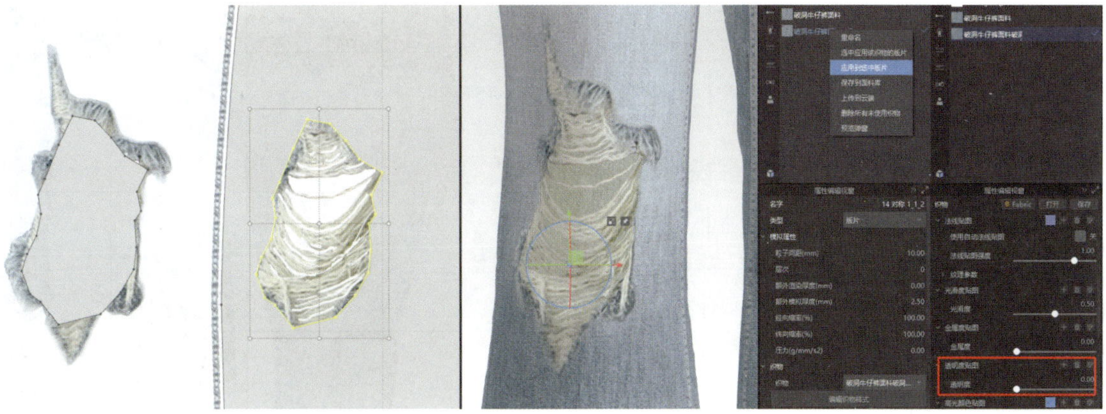

图5-2-35

（五）渲染与展示

选择所有版片，在【属性编辑视窗】中进行颜色、效果的调整，然后将"粒子间距"调整为"8~10"（小的零部件可以将数字调成小于5）。选择【工具】—【离线渲染】，选择多图形式，弹出【3D快照】，在【图片】中，按照视图中的尺寸进行调整，然后点击【本地渲染】，生成展示图片（图5-2-36）。

图5-2-36

项目一 双排扣西装套装（西裤）

任务1：双排扣西装套装（西裤）效果图

款式特征概述：

    此款式为双排扣西服套装。三开身X型；戗驳领；双排四粒扣；左胸手巾袋，前片腰部左右袋盖各一个；合体圆装两片袖，袖口开袖衩，四粒扣。装腰直筒西裤；前片左右设挖袋；后片腰部收省。

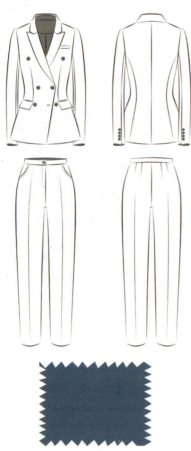

任务2：双排扣西装套装（西裤）CAD纸样绘制

一、双排扣西装

（一）确定尺寸，制定规格尺寸表

    分析款式造型要求，根据款式图确定成衣的长度和围度尺寸，整理绘制好规格尺寸表（表6-1-1）。

表 6-1-1

部位	后衣长	胸围	腰围	肩宽	袖长
尺寸（厘米）	64	96	74	38	60

（二）绘制前后片

第一步：导入CAD原型衣片

选择【工艺图库】▦工具。在空白处点击左键从储存资源的文件库中调出绘制好的女装原型文件（图6-1-1）。选择【旋转复制】◪工具，根据款式特征进行省转移、调整原型（图6-1-2）。

第二步：完成框架图

选择【智能笔】✎工具，按住【Shift键】右击选定在原型的基础上需要调整长度的线条——衣长、肩宽、胸围线、腰围线、下摆线，输入需要调整的长度数值。运用【设置线类型和颜色】▤工具，【线颜色】■选择黑色，【线类型】—选择虚线，标示处理后的原型（图6-1-3）。

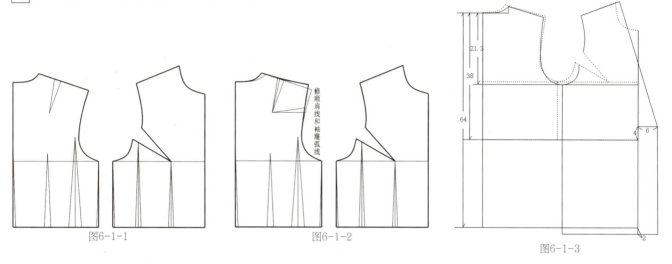

图6-1-1　　　　　　　　　图6-1-2　　　　　　　　　图6-1-3

第三步：完成结构图外轮廓

选择【智能笔】✎工具，根据款式特征进行省的位置和大小分配、画好驳头的造型。选择【旋转复制】◪工具，将前胸省转移至腰部。运用【移动旋转复制】▣工具，调整好前后袖窿弧线和前后领圈弧线的曲度。运用【文字】▣工具，标注好相关数值（图6-1-4）。

第四步：绘制内部结构

选择【智能笔】✎工具，结合款式图确定手巾袋、袋盖的位置和造型。运用【移动旋转复制】▣工具，将后领原型对接至前领，完成基础领的绘制。运用【圆弧】◜工具，按下【Shift键】鼠标变成圆的标志后定好纽扣位。运用【合并调整】▣工具，调顺下摆曲线。运用【设置线类型和颜色】▤工具，【线颜色】■选择黑色，【线类型】—选择粗实线，标示出前后片外轮廓和部位轮廓（图6-1-5）。

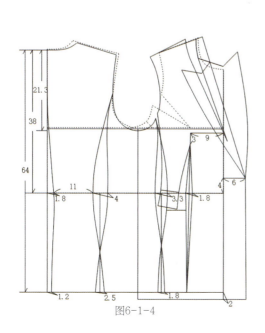
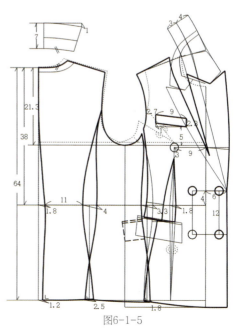

图6-1-4　　　　　　　　　　　图6-1-5

（三）绘制袖片、零部件

1. 绘制袖片

选择【智能笔】![笔]工具，确定袖长、袖肘高、袖山高尺寸。选择【长度比较】![比较]工具，量取衣片前后袖窿弧线长度。运用【圆规】![圆规]工具，以衣片前后袖窿弧线长度为参考确定好袖肥。运用【智能笔】![笔]工具，分离大小袖片，画顺袖山弧线。运用【调整工具】![调整]工具，调整袖口线，袖缝拼合后袖口应圆顺（图6-1-6）。

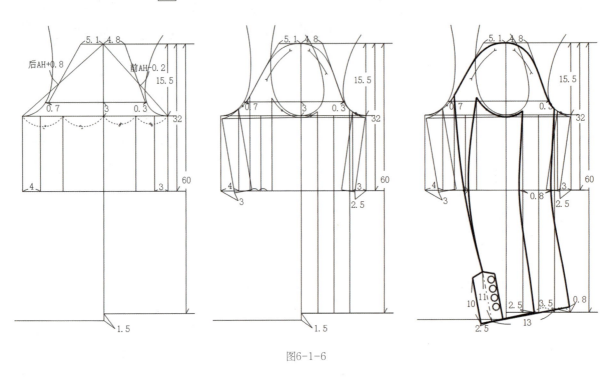

图6-1-6

2. 绘制领片（图6-1-7）

选择【成组复制/移动】![复制]工具，将基础领复制并移动，在领面分离领座与翻领。运用【展开去除余量】![展开]工具，处理领面翻领与领座的缩放量。选择【长度比较】![比较]工具，核对衣片领圈与领子的长度。

3. 绘制其他零部件

选择【成组复制/移动】![复制]工具，将挂面与手巾袋复制并移动，选择【对称复制】![对称]工具，将手巾袋整片显示。

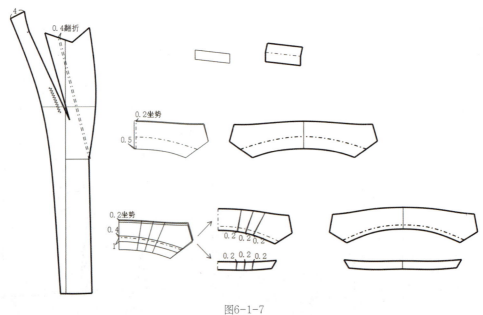

图6-1-7

（四）结构图排版

选择【成组复制/移动】 ∷ 工具，将各结构图复制并移动，排好完整结构图版面。运用【布纹线】 ⬚ 工具，标示好各部件纱向，并用【文字】 T 工具，标注好相关结构图信息（图6-1-8）。

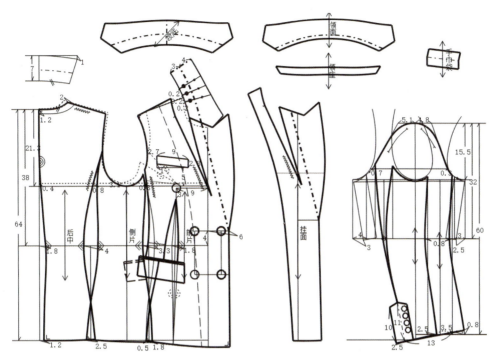

图6-1-8

（五）裁片排料

选择【剪刀】 ✂ 工具，按结构图裁剪样版，并识别出内部结构线。运用【缝份】 ⬚ 工具，核对好各部位缝份。运用【布纹线】 ⬚ 工具，确定各部件纱向，做好纸样信息。运用【剪口】 ⬚ 工具，做好领袖等关键位置对刀位。在排料时要做到节约用料（图6-1-9）。

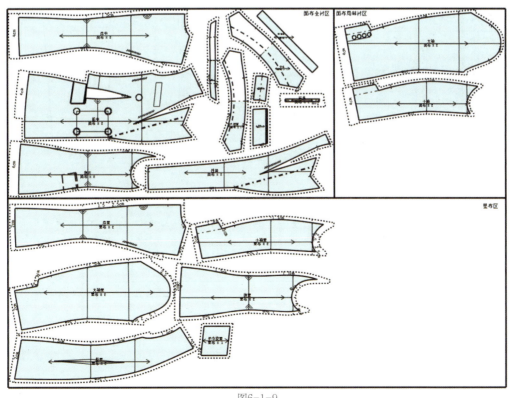

图6-1-9

139

二、西裤

（一）确定尺寸，制定规格尺寸表

分析款式造型要求，根据款式图确定裤子的长度和围度尺寸，整理绘制好规格尺寸表（表6-1-2）。

表 6-1-2

部位	裤长	臀围	腰围	脚口	中裆	上裆长
尺寸（厘米）	100	94	66	33	46	26

（二）绘制前后片

第一步：完成框架图

选择【智能笔】✐工具，定好裤长、臀围、上裆长、裆宽等尺寸（图6-1-10）。

第二步：完成结构图外轮廓

选择【智能笔】✐工具，按规格尺寸定好腰围尺寸，根据款式造型确定中裆、脚口尺寸。运用【文字】Ｔ工具，标注好相关数值（图6-1-11）。

第三步：绘制内部结构

选择【智能笔】✐工具完成后腰省结构设计。选择【旋转复制】⟳工具，根据款式特征将前腰省转移至袋口位。运用【调整工具】⟳工具，调好前后侧缝线的曲度。运用【设置线类型和颜色】▤工具，【线颜色】■选择黑色，【线类型】—选择粗实线，标示出外轮廓和部位轮廓（图6-1-12）。

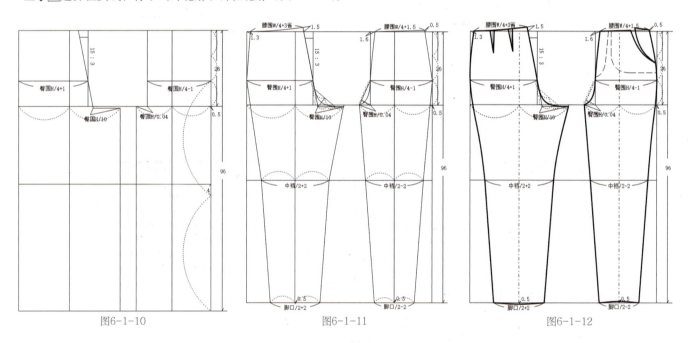

图6-1-10　　　　　　　　图6-1-11　　　　　　　　图6-1-12

（三）绘制零部件

选择【智能笔】✐工具按腰围尺寸完成腰头的结构，完成门、里襟结构设计。运用【设置线类型和颜色】▤工具，【线颜色】■选择黑色，【线类型】—选择粗实线，标示出外轮廓和部位轮廓（图6-1-13）。

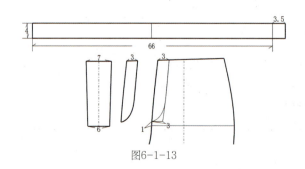

图6-1-13

（四）结构图排版

选择【成组复制/移动】工具，将各结构图复制并移动，排好完整结构图版面。运用【布纹线】工具，标示好各部件纱向，并用【文字】工具，标注好相关结构图信息（图6-1-14）。

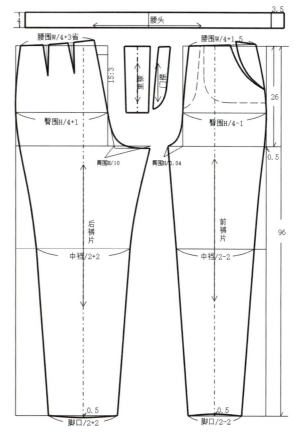

图6-1-14

（五）裁片排料

选择【剪刀】工具，按结构图裁剪样版，并识别出内部结构线。运用【缝份】工具，核对好各部位缝份。运用【布纹线】工具，确定各部件纱向，填写好纸样信息。运用【剪口】工具，做好臀围线、省等关键位置对刀位。在排料时要做到节约用料（图6-1-15）。

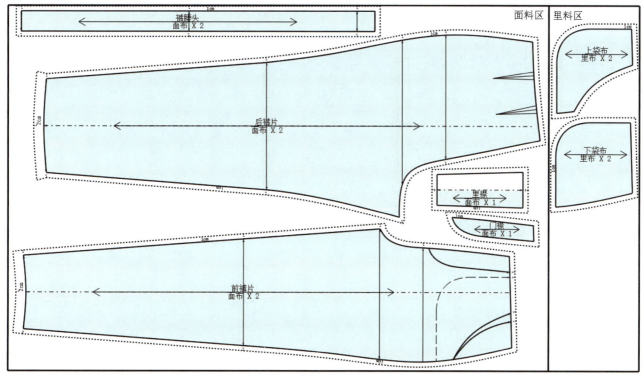

图6-1-15

任务3：双排扣西装套装（西裤）3D效果展示步骤

（一）导入版片

第一步：导入版片文件

执行【文件】—【导入】 ![icon] —【导入 DXF】命令，将西装面、里布，西裤版片导入制图软件中，并按照下图的形式将版片进行摆放（图6-1-16）。

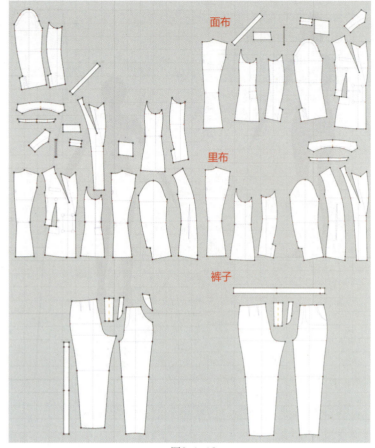

图6-1-16

第二步：整理2D窗口版片

1. 根据款式要求，整理西装和西裤所有版片。执行【编辑版片】 ![icon] 命令，选择领子后中心线，右击选择【边缘对称】命令，生成版片另一半。

2. 按住【Shift键】选择前衣片（面、里）、前侧片（面、里）、后片（面、里）、大小袖（面、里）、挂面、口袋嵌条、口袋袋盖、袖牵条、前后裤片等版片，右键选择【克隆对称版片（版片和缝纫线）】，生成对称的联动版片。（备注：分别选择需要生成的对称版片后，按住快捷键"Ctrl+D"也可以生成对称的联动版片。）

3. 根据2D窗口模特的摆放位置，将所有版片以缝纫方便的原则摆放好位置。同时，在3D窗口，右键选择【按照2D位置重置版片】，将3D窗口中的版片也进行相应的位置调整和摆放（图6-1-17）。

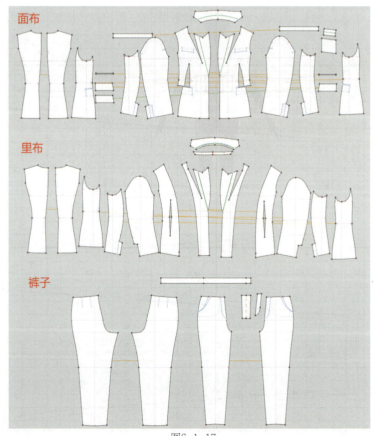

图6-1-17

（二）双排扣西装里布建模

第一步：安排版片

注：西装里布建模时，选择其余所有的版片，然后右键—【冷冻】并【隐藏3D版片】，或按快捷键"Shift+Q"，框选其余所有的版片隐藏起来。

在3D窗口中，点击【模特】 ![icon] —【安排点】 ![icon] ，打开模特安排点，按照版片在人体的位置，分别选择模特上对应的点，完成西装里布所有版片的安排（图6-1-18）。

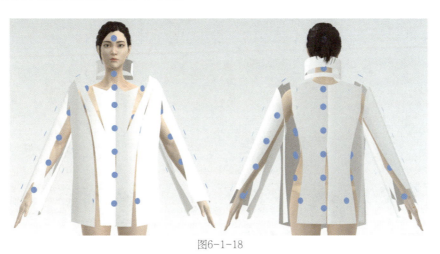

图6-1-18

第二步：版片假缝

1.在2D窗口，点击【开始】—【勾勒轮廓】 ![icon] 工具，选择领子的翻折线，前侧片的腰省，前片的口袋位、袖衩位，右键选择"勾勒位内部线/图形"（图6-1-19、图6-1-20）。（注意按照前面模块的方法将腰省进行剪切）

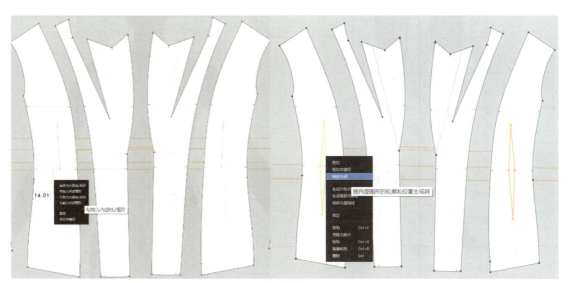

图6-1-19

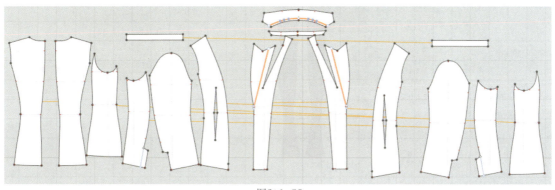

图6-1-20

2.点击【开始】—【线缝纫】 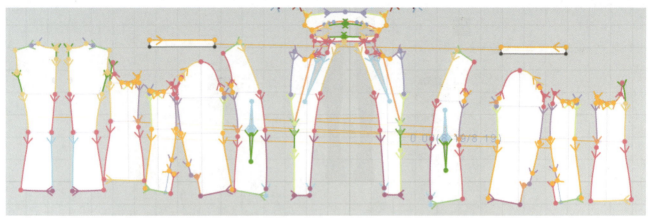/【自由缝纫】 ⌐⌐工具，按照款式的结构关系，在2D窗口或者3D窗口，依次点击假缝位置，将里布腰省、挂面与前侧、前侧缝、后侧缝、后中缝、领子上下、领圈与领底弧线、大小袖、袖窿弧线与袖山弧线进行假缝（图6-1-21、图6-1-22）。（注意袖牵条移到里布上进行缝合。）

图6-1-21

图6-1-22

第三步：模拟

将西装里布所有版片选择后，右键点击【硬化】，按空格键，开始模拟。模拟过程中可以拉拽面料，使衣身保持平衡（图6-1-23）。

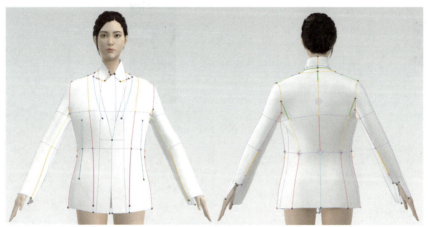

图6-1-23

（三）双排扣西装面布建模

注：西装面布建模时，选择模拟好的里布版片，右键—【冷冻】。选择西裤版片，右键—【冷冻】并【隐藏3D版片】。将里布以冷冻方式呈现，西裤版片进行隐藏。

第一步：安排版片

在3D窗口中，点击【模特】![icon]—【安排点】![icon]，打开模特安排点，按照版片在人体的位置，分别选择模特上对应的点，完成西装面布所有版片的安排（图6-1-24）。（注意面布版片一定要安排在里布之上，否则会出现穿模的情况。）

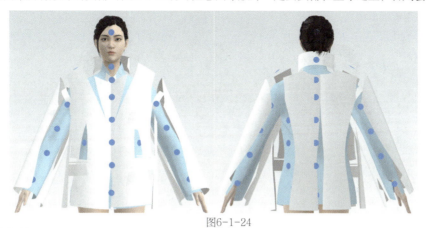

图6-1-24

第二步：版片假缝

1. 在2D窗口，点击【开始】—【勾勒轮廓】![icon]工具，选择领子的翻折线、口袋袋位、手巾袋袋位、袖衩位，右键选择"勾勒位内部线/图形"（图6-1-25）。

2. 点击【开始】—【线缝纫】![icon]/【自由缝纫】![icon]工具，按照款式的结构关系，在2D窗口或者3D窗口，依次点击假缝位置，将面布版片与前侧、前侧缝、后侧缝、后中缝、领子上下、领圈与领底弧线、大小袖、袖窿弧线与袖山弧线、手巾袋袋位、双嵌袋袋位进行假缝（图6-1-26、图6-1-27）。（注意假缝的先后顺序没关系，但线条的对应关系不能扭曲，可以在3D窗口进行检查。）

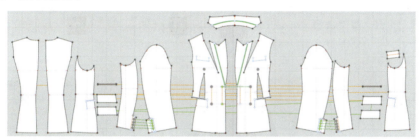

图6-1-25

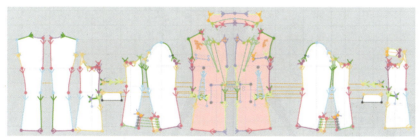

图6-1-26

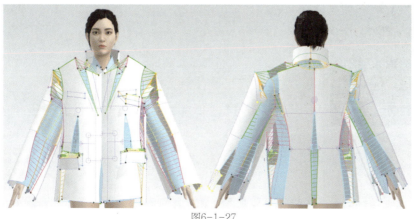

图6-1-27

第三步：模拟

将西装面布所有版片选择后，右键点击【硬化】，按空格键，开始模拟。模拟过程中可以拉拽面料，使衣身保持平衡（图6-1-28）。

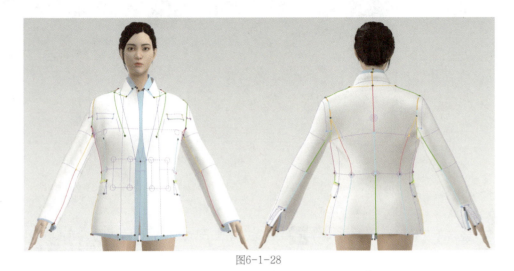

图6-1-28

第四步：细节处理

1.在【资源库】 📦 —【辅料】 ⚫ 中，选择"垫肩"—"女垫肩"中的一种垫肩模式，放置在肩部合适的位置（图6-1-29）。（注意添加垫肩时，需要把西装所有的版片隐藏，而且加载类型为"添加"，将垫肩放在最里层，放好以后进行"冷冻"，并且右键选择"形态固化"。）

2.缝合挂面与西装面布止口：继续选择【开始】—【线缝纫】 ⊟ /【自由缝纫】 ⌐ 工具将挂面与西装止口进行缝合（图6-1-30）。（注意在【属性编辑视窗】中将缝纫类型改成"合缝"。）

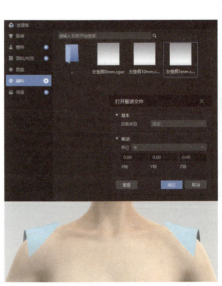

图6-1-29

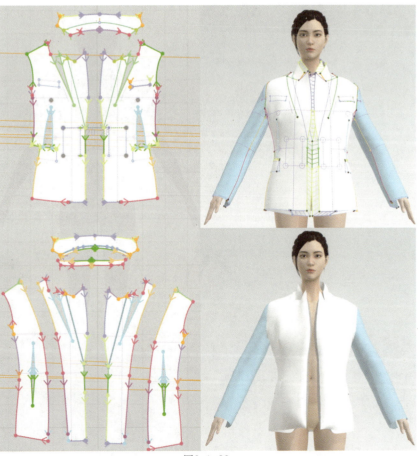

图6-1-30

3.用【开始】—【编辑版片】工具，选择挂面和领面的翻折线，右键"生成等距内部线"，在弹出的窗口中，选择"两侧"各生成1条0.2cm的内部线。同时在【属性编辑视窗】中，按照图示设置领面、挂面、领里、衣片翻折线的"折叠强度"和"折叠角度"尺寸。然后右击领子，选择【硬化】，按空格键，领子快速完成翻折模拟（图6-1-31）。

4.优化领子：选择领面、领底、前衣片、挂面进行"粘衬"处理（图6-1-32）。

5.真袖衩处理：先选择【开始】—【折叠安排】工具设置袖衩的"折叠角度"，继续选择【开始】—【线缝纫】/【自由缝纫】工具将面布大袖衩位与里布大袖衩位缝合，面布小袖衩位与里布小袖衩位缝合，然后将大袖的衩位封口缝合（图6-1-33）。（注意袖衩位置大小袖的上下关系以及缝合时的相互关系。）

6.袖衩纽扣：选择【素材】—【纽扣】和【扣眼】工具，在袖衩位置添加纽扣和扣眼，并在【属性编辑视窗】将"宽度"改成1.5，同时右击"复制到对称版片"。调整好袖衩的上下关系后，选择【系纽扣】，将纽扣和扣眼系在一起（图6-1-34）。

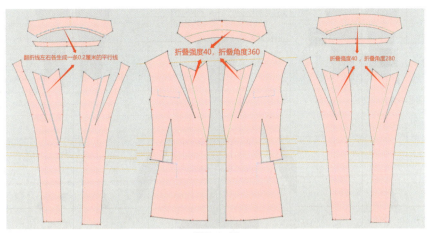

图6-1-31

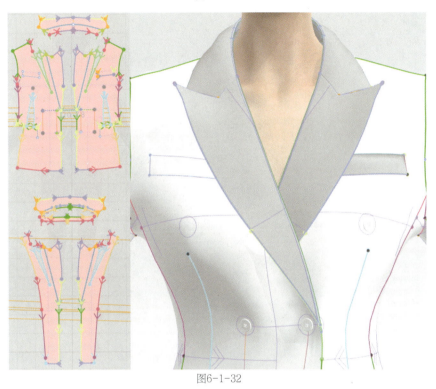

图6-1-32

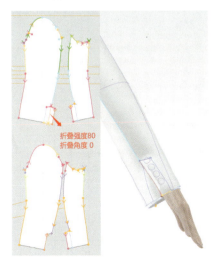

图6-1-33

图6-1-34

7.底边缝合：选择【开始】—【线缝纫】 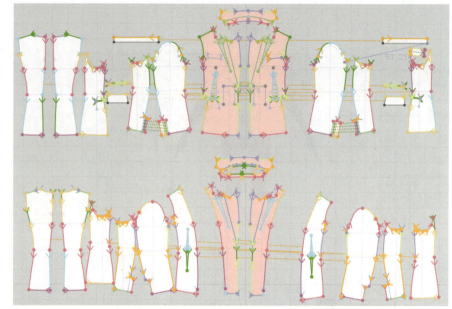 /【自由缝纫】 工具，将前片、后片、大小袖片的底边进行缝合，并将缝合类型改成"合缝"（图6-1-35、图6-1-36）。

图6-1-35

图6-1-36

（四）西裤建模

注：裤子建模前，选择西装所有的版片，然后右键—【失效】，将西装的所有版片不仅隐藏，而且不影响西裤的模拟位置和速度。

第一步：安排版片

在3D窗口中，点击【模特】  —【安排点】  ，打开模特安排点，按照版片在人体的位置，分别选择模特上对应的点，完成西裤所有版片的安排（图6-1-37）。

图6-1-37

第二步：版片假缝

1. 在2D窗口，点击【开始】—【勾勒轮廓】 工具，选择侧缝袋、腰省，右击选择"勾勒位内部线/图形"，并右击"剪切并缝纫"，将腰省剪切出来（图6-1-38）。

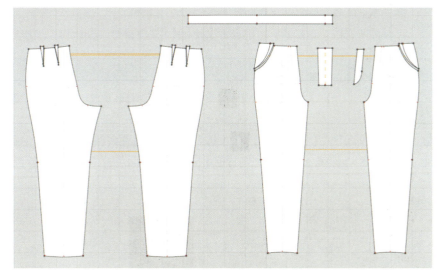

图6-1-38

2. 点击【开始】—【线缝纫】 /【自由缝纫】 工具，按照款式的结构关系，在2D窗口或者3D窗口，依次点击假缝位置，将前后裤片腰省、侧缝口袋、裤侧缝线、下裆缝、前后裆缝、腰头与裤子腰口线进行假缝（图6-1-39）。（注意假缝的先后顺序可调整，但线条的对应关系不能扭曲，可以在3D窗口进行检查。）

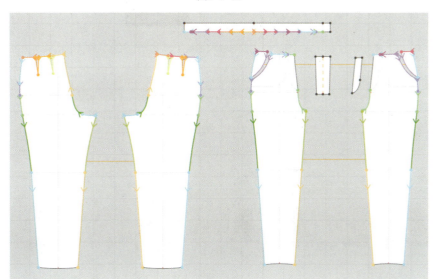

图6-1-39

3. 点击【开始】—【选择移动】 工具，选择前裤片，右键"解除联动"，然后选择【素材】—【拉链】 工具，在前裆缝添加拉链（图6-1-40、图6-1-41）。（注意拉链的具体缝法与模块五中的牛仔裤拉链缝法一致。）

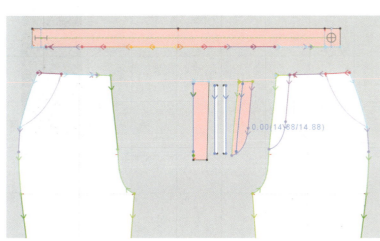

图6-1-40

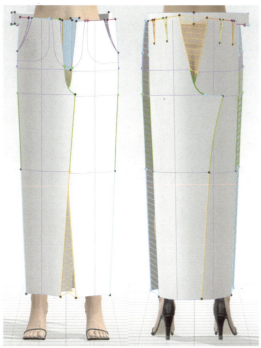

图6-1-41

第三步：模拟

将西裤所有版片选择后，右键点击【硬化】，按空格键，开始模拟。模拟过程中可以拉拽面料，使衣身保持平衡（图6-1-42）。

第四步：细节处理

1.选择【开始】—【编辑版片】□工具，选择西裤脚口线，右键选择"版片净边移动"，在裤脚口外加上贴边宽度（图6-1-43）。

2.用【开始】—【折叠安排】▮工具，将裤脚贴边往内翻折。同时右击翻折线，选择"生成等距内部线"，在翻折线上下各增加1条0.2cm的间距，使翻折更顺畅（图6-1-44）。

图6-1-42

图6-1-43

图6-1-44

第五步：全套模拟

1.在3D窗口左上角，选择【模特】🧍—【模特骨骼】🦴，将人体动态进行调整，使手臂不压住衣身。然后用【开始】—【选择移动】▶工具，选择领子、手巾袋，右击"表面翻转"，将其正反面进行翻转（图6-1-45）。

图6-1-45

2.调整好人体姿态、平衡好服装关系后，在3D窗口选择【颜色】，将硬化和粘衬前面的勾取消，然后在2D窗口选择【工具】—【离线渲染】工具，在弹出的界面中，选择多图，并按照下图中数值进行相应设置，点击直接保存，得到整体模拟图（图6-1-46）。

图6-1-46

（五）数字面料设置

第一步：导入面料

在3D窗口，右键—【显示所有版片】，或按快捷键"Shift+C"，将之前隐藏的所有版片显示出来。西装面布和西裤选择"涤-斜纹-仿花呢"进行填充，里布选择"丝缎-正面"进行填充（图6-1-47）。

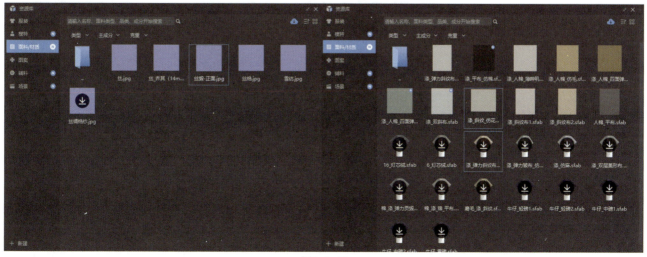

图6-1-47

第二步：填充面料

在面料属性编辑器，进行面料颜色、属性、效果等方面的处理，同时将版片需要的部位进行"粘衬"处理（图6-1-48）。

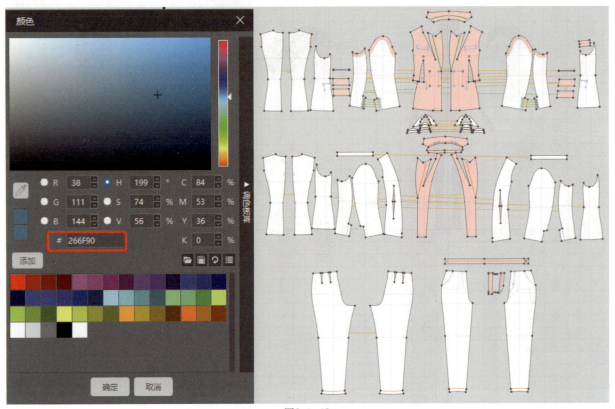

图6-1-48

（六）渲染与展示

选择所有版片，在【属性编辑视窗】中进行颜色、效果的调整，然后将"粒子间距"调整为"8~10"（小的零部件可以将数字调成小于5）。选择【工具】—【离线渲染】，选择多图形式，弹出【3D快照】，在【图片】中，按照之前模块中的尺寸进行调整，然后点击【本地渲染】，生成展示图片（图6-1-49）。

图6-1-49

项目二 连立领西装鱼尾半裙套装

任务1：连立领西装鱼尾半裙套装效果图

款式特征概述：

此款式为连立领西装搭配鱼尾半裙。X型；连立领，后领口处左右收省；一粒扣；前中弧形下摆；前片左右设腰省，下部开衩；合体两片袖，袖山处抽褶。装腰六片裙；裙摆为鱼尾造型。

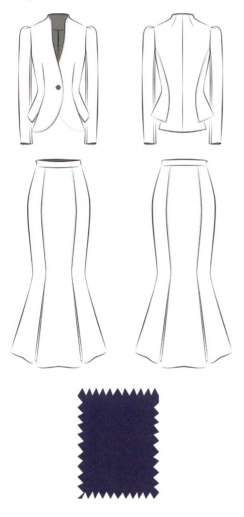

任务2：连立领西装鱼尾半裙套装CAD纸样绘制

一、连立领西装

（一）确定尺寸，制定规格尺寸表

分析款式造型要求，根据款式图确定成衣的长度和围度尺寸，整理绘制好规格尺寸表（表6-2-1）。

表6-2-1

部位	衣长	胸围	腰围	肩宽	袖长
尺寸（厘米）	56	96	74	35	59

（二）绘制前后片

第一步：导入CAD原型衣片

选择【工艺图库】 🎛 工具。在空白处点击左键从储存资源的文件库中调出绘制好的女装原型文件（图6-2-1）。运用【等分规】 ⟳⟳ 工具，将前胸省六等分，按要求调整原型（图6-2-2）。

第二步：完成框架图

选择【智能笔】 ✏ 工具，按住【Shift键】右击选定在原型的基础上需要调整长度的线条——衣长、肩宽、胸围线、下摆线，输入需要调整的长度数值。运用【设置线类型和颜色】 ▦ 工具，【线颜色】 ■ 选择黑色，【线类型】— 选择虚线，标示处理后的原型（图6-2-3）。

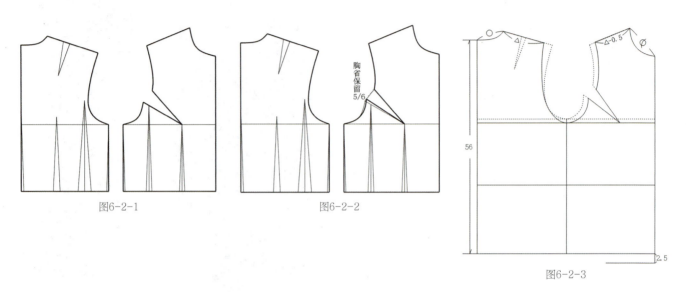

图6-2-1　　　　　　　　图6-2-2

图6-2-3

第三步：完成结构图外轮廓

选择【智能笔】 ✏ 工具，根据款式特征进行省的位置和大小分配。运用【移动旋转复制】 ⟳ 工具，调整好前后袖窿弧线和前后领圈弧线的曲度。运用【文字】 T 工具，标注好相关数值（图6-2-4）。

第四步：绘制内部结构

选择【旋转复制】 ⟳ 工具，完成上衣前胸省的转移、后肩省转移。选择【智能笔】 ✏ 工具，结合款式图绘制好前门襟和连立领西装及衩位和下摆的造型。运用【设置线类型和颜色】 ▦ 工具，【线颜色】 ■ 选择黑色，【线类型】— 选择粗实线，标示出前后片外轮廓和部位轮廓（图6-2-5）。

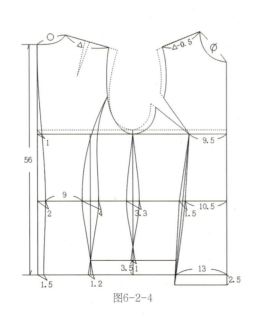

图6-2-4

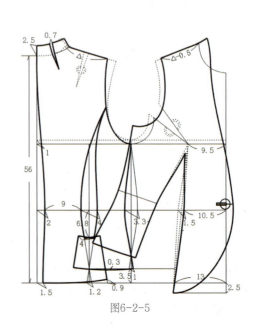

图6-2-5

（三）绘制袖片、零部件

1.绘制袖片

选择【智能笔】🖊工具，确定袖长、袖山高和袖口尺寸，选择【长度比较】🖌工具，量取衣片前后袖窿弧线长度。运用【圆规】🅰工具，以衣片前后袖窿弧线长度为参考确定好袖肥。运用【调整工具】🔖工具，调整袖口线，袖缝拼合后袖口应圆顺（图6-2-6）。

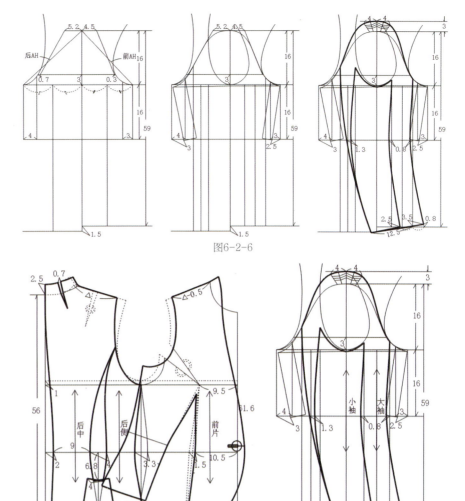

图6-2-6

（四）结构图排版

选择【成组复制/移动】工具，将各结构图复制并移动，排好完整结构图版面。运用【布纹线】工具，标示好各部件纱向，并用【文字】🇹工具，标注好相关结构图信息（图6-2-7）。

图6-2-7

（五）裁片排料

选择【剪刀】✂工具，按结构图裁剪样版，并识别出内部结构线。运用【缝份】工具，核对好各部位缝份。运用【布纹线】工具，确定各部件纱向，做好纸样信息。运用【剪口】工具，做好领袖等关键位置对刀位。在排料时要做到节约用料（图6-2-8）。

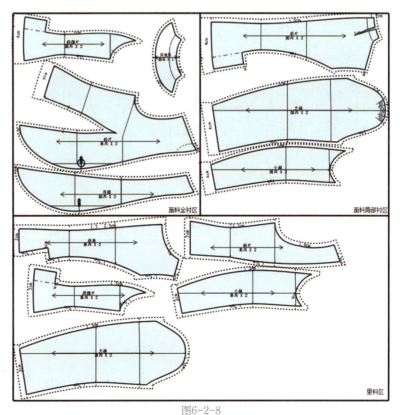

图6-2-8

二、鱼尾半裙

（一）确定尺寸，制定规格尺寸表

分析款式造型要求，根据款式图确定裙子的长度和围度尺寸，整理绘制好规格尺寸表（表6-2-2）。

表 6-2-2

部位	裙长	臀围	腰围
尺寸（厘米）	92	93	65

（二）绘制前后片

第一步：完成框架图

选择【智能笔】 🖊 工具，定好裙长、臀围、腰围、中裆宽等尺寸（图6-2-9）。

第二步：完成结构图外轮廓

选择【智能笔】 🖊 工具，根据款式造型确定分割线位置及省量大小，按规格尺寸定好腰围、臀围及中裆尺寸。运用【文字】 🅣 工具，标注好相关数值（图6-2-10）。

第三步：绘制内部结构

选择【智能笔】 🖊 工具完成分割线和裙摆鱼尾造型结构设计。运用【调整工具】 ↖ 工具，调好前后侧缝线、分割线的曲度。运用【移动旋转复制】 📋 工具，调整各裙片下摆拼合后的曲度。运用【设置线类型和颜色】 ▦ 工具，【线颜色】 ▪ 选择黑色，【线类型】 ▬ 选择粗实线，标示出外轮廓和部位轮廓（图6-2-11）。

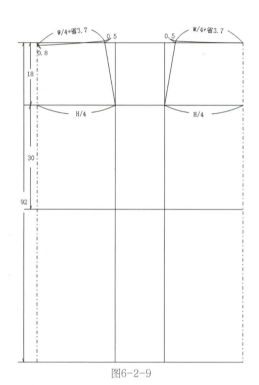

图6-2-9

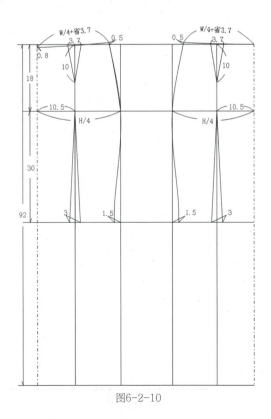

图6-2-10

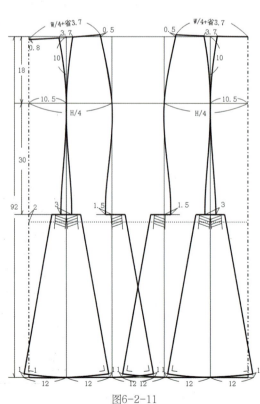

图6-2-11

（三）绘制零部件

选择【智能笔】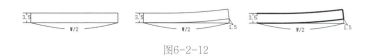工具按腰围尺寸完成腰头的结构。运用【设置线类型和颜色】工具，【线颜色】选择黑色，【线类型】选择粗实线，标示出外轮廓和部位轮廓（图6-2-12）。

图6-2-12

（四）结构图排版

选择【成组复制/移动】工具，将各结构图复制并移动，排好完整结构图版面。运用【布纹线】工具，标示好各部件纱向，并用【文字】工具，标注好相关结构图信息（图6-2-13）。

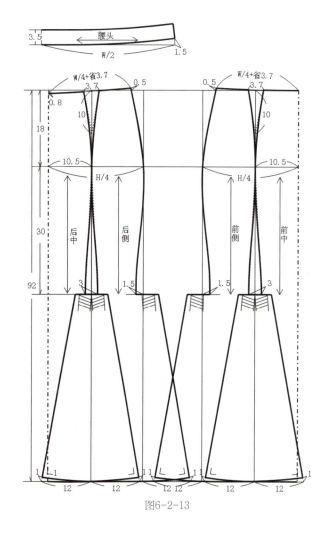

（五）裁片排料

选择【剪刀】工具，按结构图裁剪样版，并识别出内部结构线。运用【缝份】工具，核对好各部位缝份。运用【布纹线】工具，确定各部件纱向，填写好纸样信息。运用【剪口】工具，做好臀围线、省等关键位置对刀位。在排料时要做到节约用料（图6-2-14）。

图6-2-13

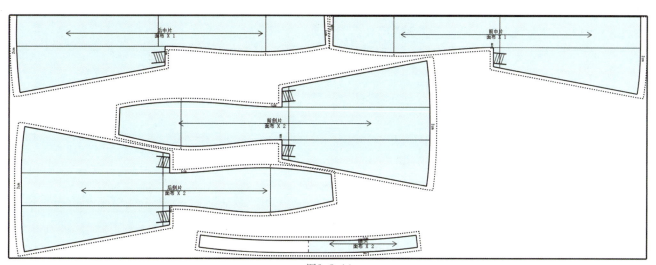

图6-2-14

任务3：连立领西装鱼尾半裙套装3D效果展示步骤

（一）导入版片

第一步：导入版片文件

执行【文件】—【导入】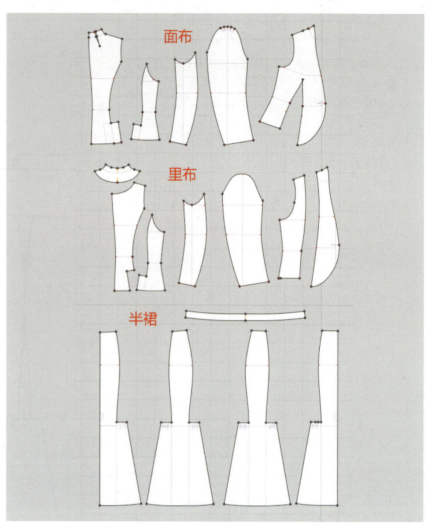—【导入DXF】命令。导入制图软件中西装面、里布，鱼尾半裙版片，并按照图6-2-15的形式将版片进行摆放。

图6-2-15

第二步：整理2D窗口版片（图6-2-16）

1. 根据款式要求，整理西装和鱼尾半裙所有版片。执行【编辑版片】口命令，选择前裙片、后裙片中线，右击选择【边缘对称】命令，生成版片另一半。

2. 按住【Shift键】选择前中片（面、里），前侧片（里），后片（面、里），大小袖（面、里），后中片（面、里），后侧片（面、里），前裙侧片，后裙侧片等版片，右键选择【克隆对称版片（版片和缝纫线）】，生成对称的联动版片。（备注：分别选择需要生成的对称版片后，按住快捷键"Ctrl+D"也可以生成对称的联动版片。）

3. 根据2D窗口模特的摆放位置，将所有版片以缝纫方便的原则摆放好位置。同时，在3D窗口，右键选择【按照2D位置重置版片】，将3D窗口中的版片也进行相应的位置调整和摆放。

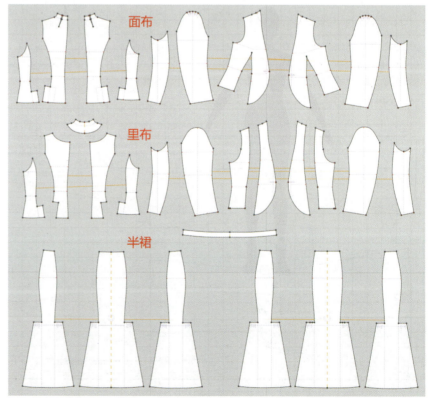

图6-2-16

（二）连立领西装里布建模

第一步：安排版片

注：连立领西装里布建模时，选择其余所有的版片，然后右键—【冷冻】并【隐藏3D版片】，或按快捷键"Shift+Q"，框选其余所有的版片隐藏起来。

在3D窗口中，点击【模特】🧍—【安排点】👥，打开模特安排点，按照版片在人体的位置，分别选择模特上对应的点，完成连立领西装里布所有版片的安排（图6-2-17）。

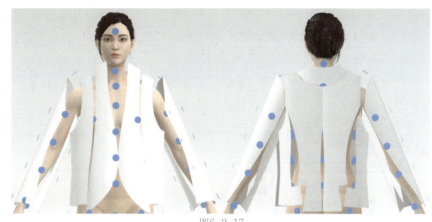

图6-2-17

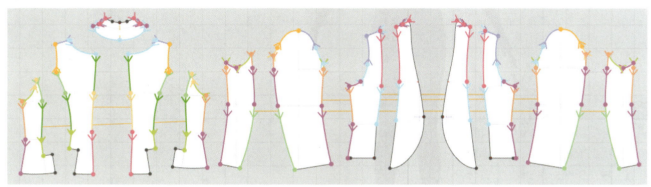

图6-2-18

第二步：版片假缝

点击【开始】—【线缝纫】📐/【自由缝纫】🔧工具，按照款式的结构关系，在2D窗口或者3D窗口，依次点击假缝位置，将里布前中与前侧、后中与后侧、后片与后领贴、前后肩缝、前后侧缝、大小袖缝、袖山弧线与袖窿弧线进行假缝（图6-2-18、图6-2-19）。（注意衩的位置可先不缝）

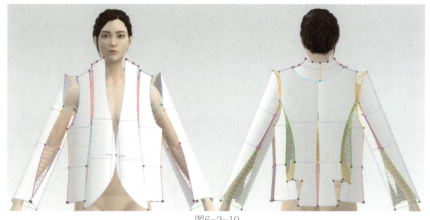

图6-2-19

第三步：模拟

将连立领西装所有版片选择后，右键点击【硬化】，按空格键，开始模拟。模拟过程中可以拉拽面料，使衣身保持平衡（图6-2-20）。

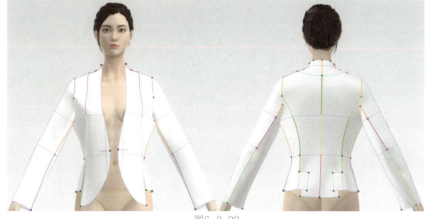

图6-2-20

（三）连立领西装面布建模

注：连立领西装面布建模时，选择模拟好的里布版片，然后右键点击【冷冻】。选择鱼尾半裙版片，然后右键点击【冷冻】并【隐藏3D版片】。将里布以冷冻方式呈现，鱼尾半裙版片进行隐藏。

第一步：安排版片

在3D窗口中，点击【模特】 —【安排点】 ，打开模特安排点，按照版片在人体的位置，分别选择模特上对应的点，完成连立领西装面布所有版片的安排（图6-2-21）。（注意面布版片一定要安排在里布之上，否则会出现穿模的情况。）

第二步：版片假缝

点击【开始】 —【线缝纫】 /【自由缝纫】 工具，按照款式的结构关系，在2D窗口或者3D窗口，依次点击假缝位置，将面布前片腰省、后片领省、后中缝、后片分割缝、前后肩缝、前后侧缝、大小袖缝、袖山弧线与袖窿弧线进行假缝（图6-2-22、图6-2-23、图6-2-24）。（注意袖子褶的位置缝合，同时衩的位置先不缝。）

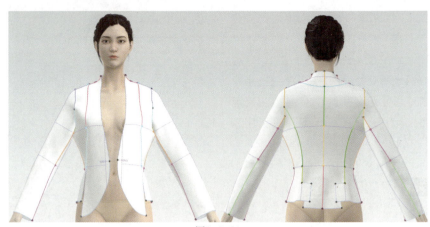

图6-2-21

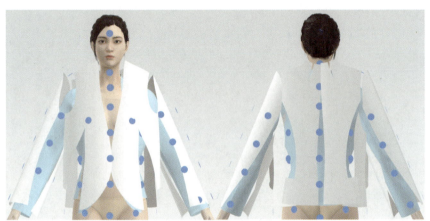

图6-2-22

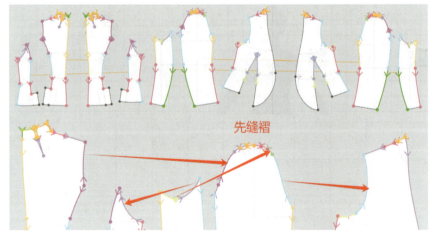

先缝褶

图6-2-23

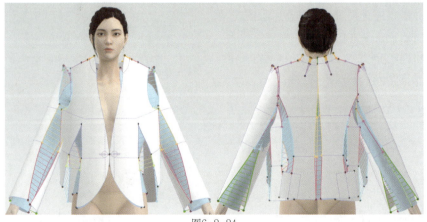

图6-2-24

第三步：模拟

将连立领西装面布所有版片选择后，右键点击【硬化】，按空格键，开始模拟。模拟过程中可以拉拽面料，使衣身保持平衡（图6-2-25）。

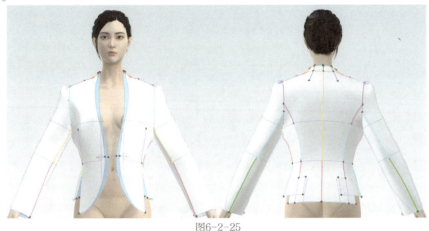

图6-2-25

第四步：细节处理

1.点击【开始】—【线缝纫】 和/【自由缝纫】 工具，将面布与里布的门襟位置进行缝合，将开衩位置下段的面里缝合（图6-2-26）。（注意在【属性编辑视窗】中将缝纫类型改成"合缝"。）

2.继续选择【开始】—【线缝纫】 和/【自由缝纫】 工具，将后片的侧衩进行面里缝合，缝合关系如图6-2-27。并右键选择侧衩的翻折位置添加2条0.2cm的"等距内部线"（图6-2-28）。（注意在【属性编辑视窗】中将缝纫类型改成"合缝"。）

3.选择【素材】—【纽扣】 和【扣眼】 ，在左右前片上分别生成纽扣和扣眼，然后用【系纽扣】 工具将其扣合（图6-2-29）。

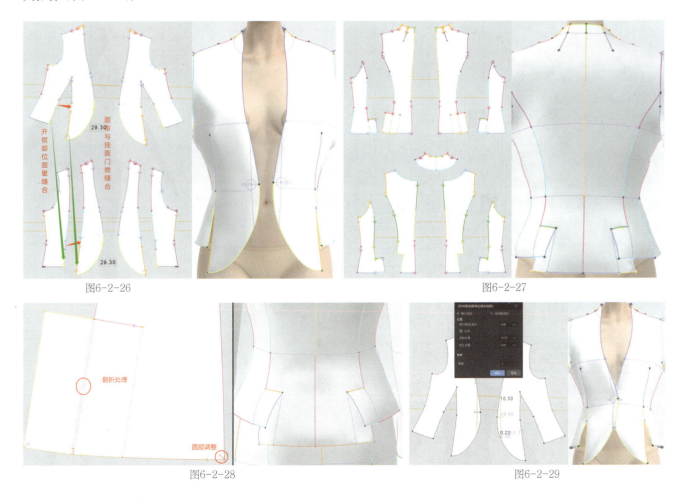

图6-2-26

图6-2-27

图6-2-28

图6-2-29

4.继续选择【开始】—【线缝纫】 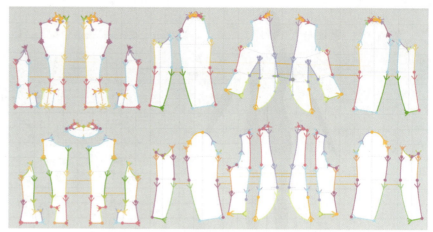／【自由缝纫】 工具,将面、里的底边进行缝合（图6-2-30、图6-2-31）。

图6-2-30

图6-2-31

（四）鱼尾半裙建模

注：鱼尾半裙建模前,选择连立领西装所有的版片,然后右键点击【失效】,将连立领西装的所有版片不仅隐藏,而且不影响鱼尾半裙的模拟位置和速度。

第一步：安排版片

在3D窗口中,点击【模特】 —【安排点】 ,打开模特安排点,按照版片在人体的位置,分别选择模特上对应的点,完成鱼尾半裙所有版片的安排（图6-2-32）。

第二步：版片假缝

点击【开始】—【线缝纫】 ／【自由缝纫】 工具,按照款式的结构关系,在2D窗口或者3D窗口,依次点击假缝位置,将前后裙片的分割线、前后裙片的侧缝、腰口与腰头进行假缝（图6-2-33、图6-2-34）。（注意假缝的先后顺序可调整,但线条的对应关系不能扭曲,可以在3D窗口进行检查。）

图6-2-32

右键 腰头版片,选择 解除联动

图6-2-33

图6-2-34

第三步：模拟

将鱼尾半裙所有版片选择后，右键点击【硬化】，按空格键，开始模拟。模拟过程中可以拉拽面料，使衣身保持平衡（图6-2-35）。

图6-2-35

第四步：细节处理

1.选择【开始】—【编辑版片】□工具，选择鱼尾半裙添加褶的位置，右键选择"改变长度"，在弹出的对话框中，输入与褶裥宽度相同的尺寸数值，添加褶的对称宽度线（图6-2-36、图6-2-37）。

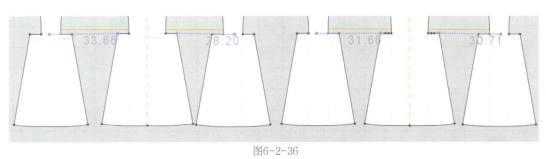

图6-2-36

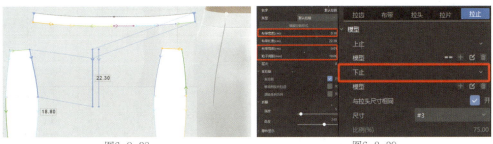

图6-2-37

2.用【素材】—【拉链】🔲工具，在裙子右侧缝线上添加拉链。同时在【属性编辑视窗】中输入拉链的相关设置数值（图6-2-38、图6-2-39）。

图6-2-38   图6-2-39

第五步：全套模拟

调整好人体姿态、平衡好服装关系后，在3D窗口选择【颜色】，将硬化和粘衬前面的勾取消，然后在2D窗口选择【工具】—【离线渲染】工具，在弹出的界面中，选择多图，并按照之前模块的数值进行设置，点击直接保存，得到整体模拟图（图6-2-40）。

图6-2-40

（五）**数字面料设置**

第一步：导入面料

在3D窗口，右键一【显示所有版片】，或按快捷键"Shift+C"，将之前隐藏的所有版片显示出来。在【场景管理视窗】—【面料】中，连立领西装面布和鱼尾半裙选择"涤-人棉-仿毛呢"进行填充，里布选择"涤纶色丁"进行填充（图6-2-41）。

第二步：填充面料

在面料属性编辑器，完成面料颜色、属性、效果等方面的处理，同时将版片需要的部位进行"粘衬"处理（图6-2-42）。

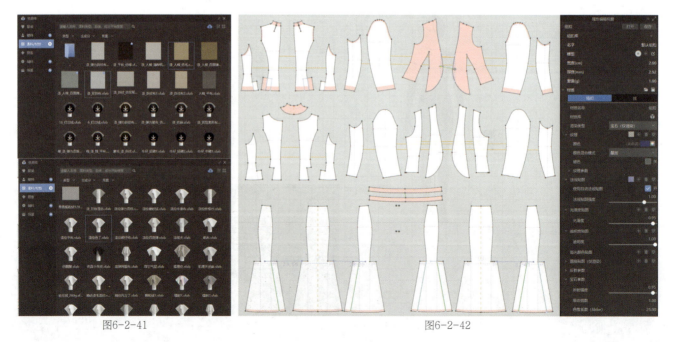

图6-2-41　　　　　　　　　　　　　　　　　　图6-2-42

第三步：归拔版片

根据实际效果，选择【开始】—【造型刷】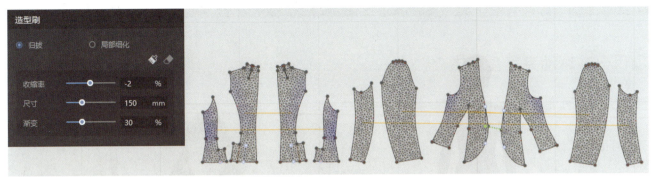工具，对版片进行相应的归拔和熨烫处理（图6-2-43）。

图6-2-43

第四步：绘画内搭

在3D窗口选择【模特】—【模特测量线】，显示模特测量线作为参考，选择【开始】—【笔】工具，在模特身上画出内衬抹胸的造型，并利用【开始】—【编辑版片】工具，右键选择画好的抹胸，选择"展平为版片"，然后对抹胸进行颜色的填充等操作（图6-2-44）。

图6-2-44

（六）渲染与展示

选择所有版片，在【属性编辑视窗】中进行颜色、效果的调整，然后将"粒子间距"调整为"8~10"（小的零部件可以将数字调成小于5）。选择【工具】—【离线渲染】，选择多图形式，弹出【3D快照】，在【图片】中，按照之前模块中的尺寸进行调整，然后点击【本地渲染】，生成展示图片（图6-2-45）。

图6-2-45

模块七
休闲套装

项目一 运动夹克套装裙

任务1：运动夹克套装裙效果图

款式特征概述：

此款式为运动夹克搭配短裙。H型；罗纹立领；一片落肩分割袖，袖口装罗纹；前中门襟，四粒扣，右片设斜向挖袋一个；后片过肩；底摆装罗纹。装腰直筒型裙子，前后片竖向分割，右侧装隐形拉链。

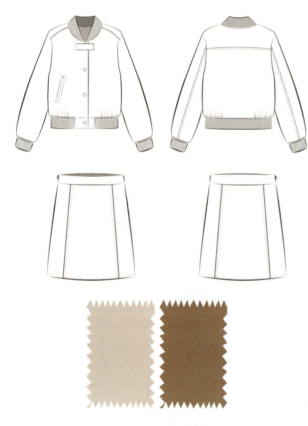

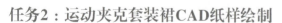

任务2：运动夹克套装裙CAD纸样绘制

一、运动夹克

（一）确定尺寸，制定规格尺寸表

分析款式造型要求，根据款式图确定成衣的长度和围度规格尺寸，整理绘制好规格尺寸表（表7-1-1）。

表7-1-1

部位	衣长	胸围	袖长	袖口
尺寸（厘米）	54	102	56	22

（二）绘制前后片

第一步：导入CAD原型衣片

选择【工艺图库】📋工具。在空白处点击左键从储存资源的文件库中调出绘制好的女装原型文件（图7-1-1）。选择【旋转复制】🔄工具，根据款式特征进行省转移、调整原型（图7-1-2）。

第二步：完成框架图

选择【智能笔】🖊️工具，按住【Shift键】右击选定在原型的基础上需要调整长度的线条——衣长、肩宽、胸围线，输入需要调整的长度数值。运用【设置线类型和颜色】工具，【线颜色】■选择黑色，【线类型】—选虚线，标示处理后的原型（图7-1-3）。

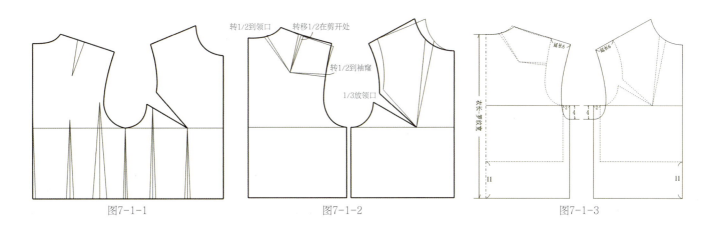

图7-1-1　　　　　　　　　　图7-1-2　　　　　　　　　　图7-1-3

第三步：完成结构图外轮廓

选择【智能笔】🖊️工具，结合款式图绘制借肩分割线；绘制下脚、绘制下脚罗纹。运用【移动旋转复制】🔄工具，将前片借肩部分和后片拼合。调整好前后袖窿弧线的曲度。运用【文字】Ｔ工具，标注好相关数值（图7-1-4）。

第四步：绘制内部结构

选择【智能笔】🖊️工具，结合款式图进行前领下耳仔及前双嵌线插袋结构设计，并绘制出袋布、袋垫布。运用【设置线类型和颜色】工具，【线颜色】■选择黑色，【线类型】—选粗实线，标示出前后片外轮廓和部位轮廓（图7-1-5）。

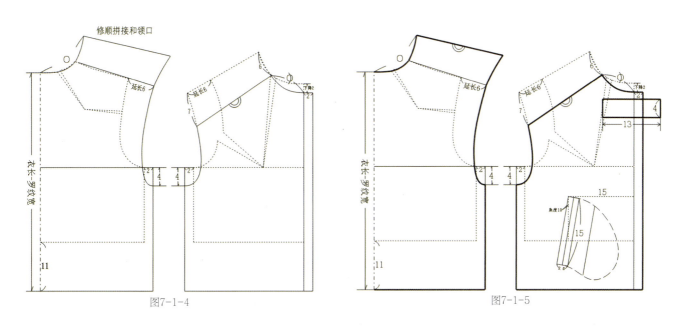

图7-1-4　　　　　　　　　　　　　图7-1-5

（三）绘制袖片、零部件

1. 绘制袖片（图7-1-6）

选择【成组复制/移动】工具，将前后袖窿复制出来，选择【旋转】工具，旋转成横向。选择【比较长度】工具，量取前后袖窿点三分之一长度，运用【智能笔】工具，画长度相等的反向线作为袖肥，按袖口大小定好袖口大后连接袖肥。继续运用【智能笔】工具，按住【Shift键】右击选定袖中线，输入袖窿弧线三分之一数据，上抬袖中线并画好袖山弧线；绘制袖分割线。运用【调整工具】工具，调整好袖山弧线。选择【长度比较】工具，比较袖窿弧线长度、袖山弧线长度是否匹配，确认无误后，运用【设置线类型和颜色】工具，【线颜色】选择黑色，【线类型】选粗实线，标示袖片结构轮廓线。

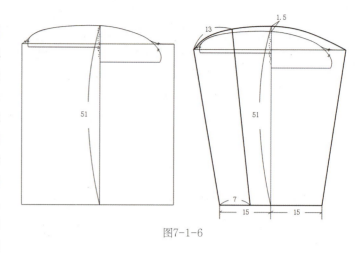

图7-1-6

2. 绘制领子（图7-1-7）

选择【长度比较】工具，量取衣片前后领圈弧线长度。运用【智能笔】工具，根据罗纹弹力大小绘制罗纹领。运用【调整工具】工具，调整罗纹领前领底弧线，完成领片结构。

3. 绘制其他零部件（图7-1-7）

选择【成组复制/移动】工具，将耳仔、袋布、袋嵌线、袋垫布、下脚罗纹移动复制出来。选择【智能笔】工具，根据袖口尺寸绘制袖口罗纹。

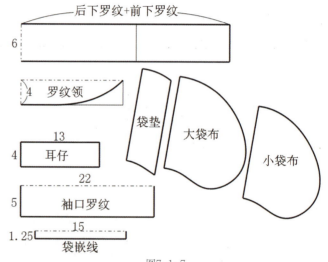

图7-1-7

（四）结构图排版

选择【成组复制/移动】工具，将各结构图复制并移动，排好完整结构图版面。运用【布纹线】工具，标示好各部件纱向，并用【文字】工具，标注好相关结构图信息（图7-1-8）。

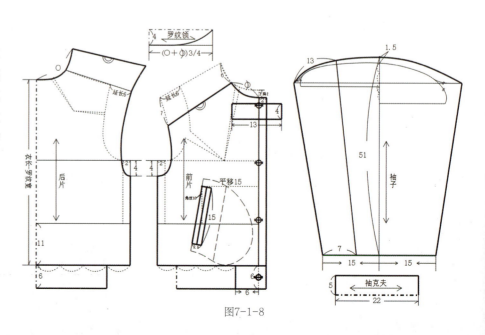

图7-1-8

（五）裁片排料

选择【剪刀】✂工具，按结构图裁剪样版，并识别出内部结构线。运用【布纹线】🖼️工具，确定各部件纱向，做好纸样信息。运用【剪口】🔲工具，做好关键位置对刀位。在排料时要做到节约用料（图7-1-9）。

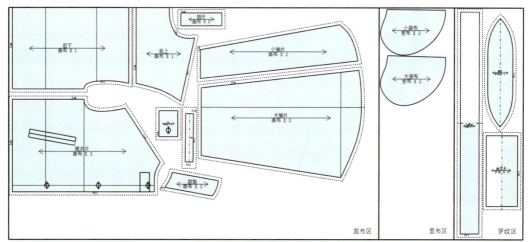

图7-1-9

二、套装裙

（一）确定尺寸，制定规格尺寸表

分析款式造型要求，根据款式图确定裙子的长度和围度规格尺寸，整理绘制好规格尺寸表（表7-1-2）。

表 7-1-2

部位	裙长	腰围	臀围
尺寸（厘米）	41	65	96

（二）绘制前后片

第一步：完成框架图（图7-1-10）

选择【智能笔】🖋️工具，定好裙长、臀围线、腰围、等尺寸。按住【Shift键】右击选定底边线，输入需要加大的摆量。选择【智能笔】🖋️工具，连接腰围到底边。运用【等分规】⟷工具，输入数字2，将底边等分，选择【智能笔】🖋️工具，画好底边线。

第二步：完成结构图外轮廓（图7-1-11）

运用【调整工具】🔀工具，调整裙片侧缝线、底边线。运用【文字】T工具，标注好相关数值。

第三步：绘制内部结构（图7-1-12）

选择【智能笔】🖋️工具，据款式效果绘制裙片分割线，并做收省处理。运用【调整工具】🔀工具，调好前后侧缝线，下档线。运用【设置线类型和颜色】📊工具，【线颜色】■选择黑色，【线类型】▬选粗实线，标示出外轮廓和部位轮廓。

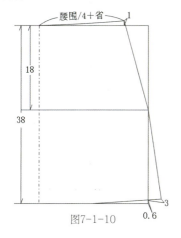

图7-1-10

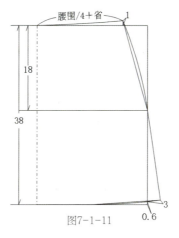

图7-1-11

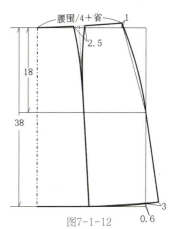

图7-1-12

（三）绘制零部件

选择【智能笔】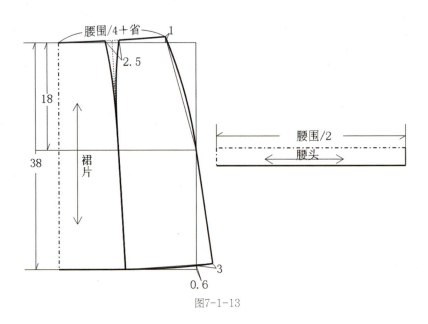工具，根据腰头尺寸绘制腰头。

（四）结构图排版

选择【成组复制/移动】工具，将各结构图复制并移动，排好完整结构图版面。运用【布纹线】工具，标示好各部件纱向，并用【文字】工具，标注好相关结构图信息（图7-1-13）。

图7-1-13

（五）裁片排料

选择【剪刀】工具，按结构图裁剪样版，并识别出内部结构线。运用【布纹线】工具，确定各部件纱向，填写好纸样信息。运用【剪口】工具，做好关键位置对刀位。在排料时要做到节约用料（图7-1-14）。

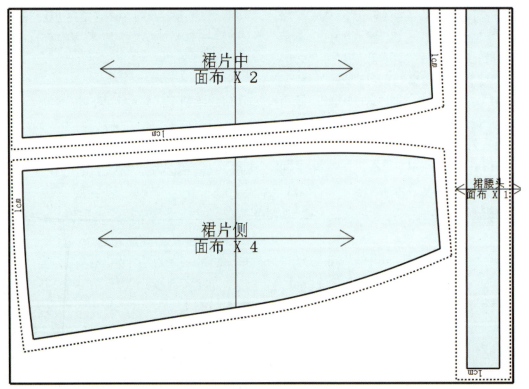

图7-1-14

170

任务3：运动夹克套装裙3D效果展示步骤

（一）导入版片

第一步：导入版片文件

执行【文件】—【导入】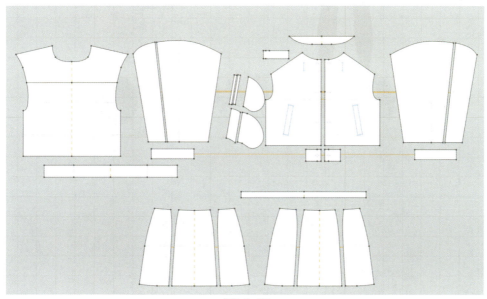—【导入DXF】命令，将运动夹克套装裙版片导入平面制图软件中。

第二步：整理2D窗口版片（图7-1-15）

1. 根据款式要求，整理运动夹克套装裙版片。执行【编辑版片】命令，选择后中心线、后片过肩中心线，右击选择【边缘对称】命令，生成版片另一半。

2. 执行【选择】命令，按住【Shift键】选择前片、前片底摆、袖子、袖克夫、裙片，右击选择【克隆对称版片（版片和缝纫线）】。生成缺失的衣片及裙片。

3. 按照2D窗口中模特摆放位置，将所有版片，排列好位置。在3D窗口，右键选择【按照2D位置重置版片】，将3D窗口中的版片也进行相应的位置调整和摆放。

图7-1-15

（二）运动夹克建模

第一步：安排版片

在3D窗口中，点击【模特】—【安排点】，打开模特安排点，按照版片在人体的位置，分别选择模特上对应的点，依次完成运动夹克版片的安排（图7-1-16）。（注意口袋要安排在衣片的里面，避免模拟时穿模。）

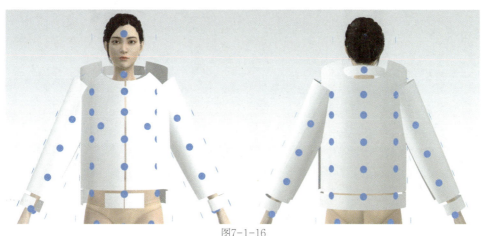

图7-1-16

第二步：版片假缝

1.点击【勾勒轮廓】 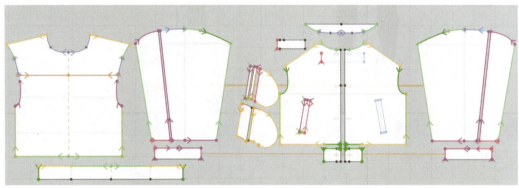 工具，按住【Shift键】按依次点击夹克零部件内部线、衣片口袋位，右击选择【勾勒为内部线/图形】。

2.在菜单栏中，点击【开始】—【线缝纫】 工具，在2D窗口或者3D窗口，按照款式的结构关系，依次点击假缝位置，将前片、后片、袖子、袖克夫、领子进行假缝（图7-1-17、图7-1-18）。

图7-1-17

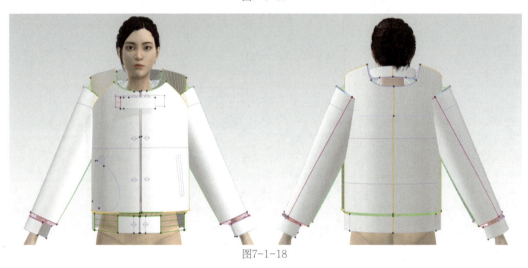

图7-1-18

第三步：初步模拟与调整

将运动夹克缝合好的版片选择后，右键点击【硬化】，按空格键，开始模拟。模拟过程中可以拉拽面料，使衣身保持平衡（图7-1-19）。

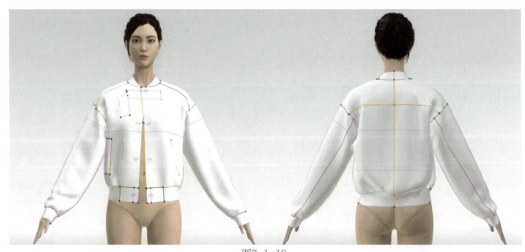

图7-1-19

第四步：工艺细节处理

1.生成运动夹克里布：根据运动夹克的特点，工艺上设置里布，用【选择】工具选择运动夹克的前片、后片、过肩、领子，右击选择【生成里布】【生成里布层（里侧）】（图7-1-20、图7-1-21）。

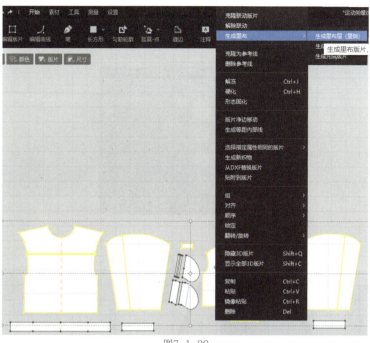

图7-1-20

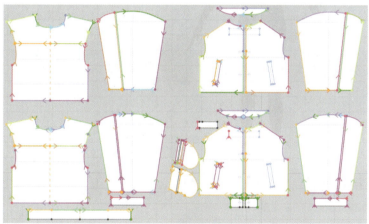

图7-1-21

2.口袋、领子工艺细节：将前片面料隐藏，设置口袋的层次和关系。层次关系依次为：袋布1、垫袋布、袋布2。袋布缝合类型选择【合缝】。垫袋布添加粘衬。保证口袋在里布与面布之间。领子调整好里、面层次（图7-1-22）。

3.袖克夫双层设置：点击【编辑版片】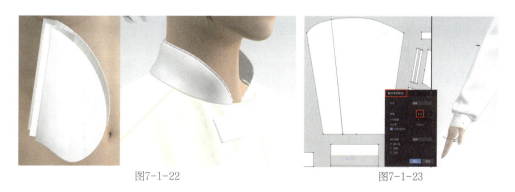工具，在2D视窗，选择袖口边，右击选择【版片净边移动】增加袖口一半的宽度，选择生成内部线（图7-1-23）。

图7-1-22   图7-1-23

在菜单栏中，选择【折叠安排】![icon]工具，在3D视窗中，选择袖口上新生成的内部线，将新增加的版片量往里面折叠。具体方法参考第三章项目一任务3中卫衣建模第四步袖口细节处理（图7-1-24）。

4.四合扣设置：在资源库或官方市场，选择合适的四合扣，分为三种，添加到【当前】【附件】里。双击四合扣，点击扣子右上方的【吸附】按钮，点击3D窗口中衣片的扣位。根据四合扣的叠合原理，将不同的扣吸附到衣片不同的位置。如右门襟外侧、右门襟内侧、左门襟外侧（图7-1-25、图7-1-26）。

5.最后模拟效果（图7-1-27）

图7-1-24

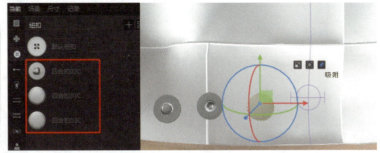

图7-1-25

图7-1-26

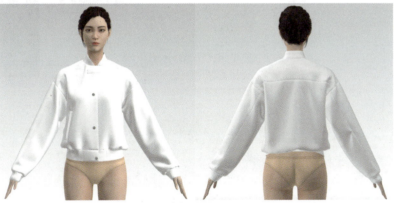

图7-1-27

（三）套装裙建模

第一步：安排版片

在3D窗口中，点击【模特】![icon]—【安排点】![icon]，打开模特安排点，点击2D窗口中套装裙版片，点击3D窗口中模特位置安排点。按照规律依次安排完成套装裙所有版片的安排（图7-1-28）。

图7-1-28

第二步：版片假缝

1.在菜单栏中，点击【开始】—【线缝纫】![icon]/【自由缝纫】![icon]工具，在2D窗口或者3D窗口，按照款式的缝纫关系，依次点击假缝位置，将前片、后片、腰头进行假缝（图7-1-29）。

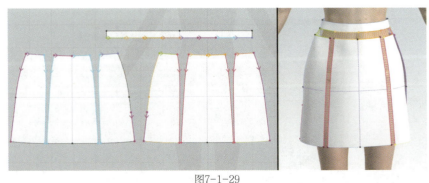

图7-1-29

第三步：初步模拟与调整

所有版片选择后，右键点击【硬化】，按空格键，开始模拟。模拟过程中可以拉拽版片，做细节调整（图7-1-30）。

图7-1-30

第四步：工艺细节处理

1.拉链的工艺处理：选择【素材】—【拉链】，点击前片腰头缝合起点到裙子前片的拉链终点，双击结束。再点击后片腰头的缝合起点到裙子后片的拉链终点。双击结束（图7-1-31）。

2.拉链的数据设置：根据套装裙的风格，设置拉链相应的数值。【选择】工具，点击拉链，在【属性编辑视窗】中，将布带的宽度、长度、厚度进行设置。然后点击【编辑拉链样式】，选择合适的拉齿、拉带、拉头、拉片、拉止（图7-1-32）。

3.选择拉链拉止，右键点击【隐藏下止】，腰头添加粘衬，模拟（图7-1-33）。

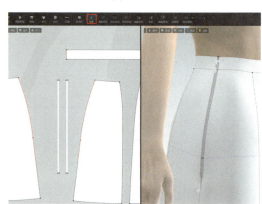

图7-1-31

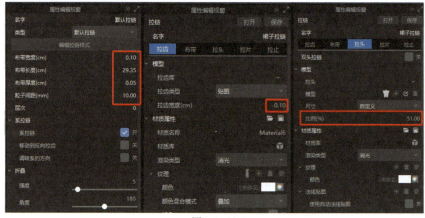

图7-1-32

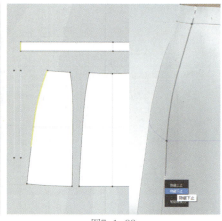

图7-1-33

4.全套模拟，在套装裙模拟好的情况下，设置层次为-1层，并将它【冷冻】，将运动夹克显示所有版片，设置层次为1层。并【解冻】，按空格键，开始模拟，模拟过程中可以拉拽夹克底摆面料，使夹克在裙子外面。模拟好后，将裙子解冻，再次模拟。模拟时更改人体姿势，可以根据款式特点更改发型与鞋子（图7-1-34）。

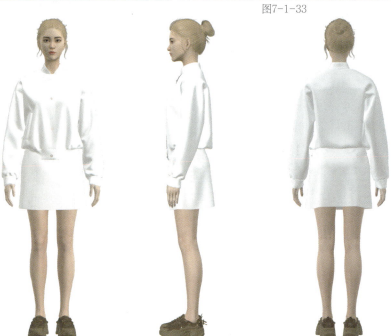

图7-1-34

（四）数字面料设置

第一步：面料设置

1. 面料选择（图7-1-35）

方法一：扫描好需要的面料，并确定名称，如运动夹克面料、运动夹克罗纹、裙子面料、运动夹克套装裙里料。添加到场景视窗中【当前】【织物】中。

方法二：选择【资源库】【面料/材质】，挑选运动夹克套装裙面料。双击添加面料到场景视窗中。

图7-1-35

2. 填充面料

（1）在2D窗口或者3D窗口，选择所有运动夹克版片，点击"运动夹克面料"右击【应用到选中版片】。

（2）同样的方法，完成里料填充。

（3）在面料属性编辑器，添加扫描面料的法线贴图，使面料具有层次感。模拟，观察填充面料的效果。可以在属性编辑器调整面料属性。（参考模块一面料属性调节。）

第二步：辅料设置

1. 扣子：选择四合扣，根据运动夹克套装裙款式特点，在【属性编辑视窗】中编辑四合扣数据，如尺寸、材质。在【纹理】中更改扣子纹理及颜色（图7-1-36）。

2. 明线：点击【素材】—【线段明线】/【自由明线】工具，点击默认明线，在属性编辑视窗中，设置明线的数据，在2D窗口或者3D窗口，按照款式的结构关系，依次点击需要设置明线的位置，如领口、门襟、肩缝、底摆、裙子分割线（图7-1-37）。

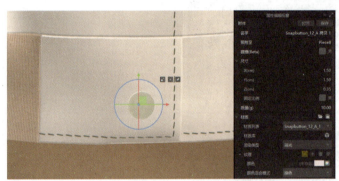

图7-1-36

图7-1-37

（五）渲染与展示

选择所有版片，在【属性编辑视窗】中进行颜色、效果的调整，然后将"粒子间距"调整为"8~10"（小的零部件可以将数字调成小于5）。选择【工具】—【离线渲染】，选择多图形式，弹出【3D快照】，在【图片】中，按照调节的尺寸进行调整，然后点击【本地渲染】，生成展示图片（图7-1-38）。

图7-1-38

项目二 工装夹克套装

任务1：工装夹克套装效果图

款式特征概述：

此款式为短装夹克搭配工装裤。H型；立领；前后片过肩，肩部设有装饰肩带；前片左右装立体贴袋；腰部抽绳；一片袖，袖口抽褶处理。工装直筒裤；装腰头；前片左右各设一个竖向装饰性袋盖，侧边各一个立体贴袋，左前片设有带袢装饰；后片育克，左右各设一个装饰性袋盖。

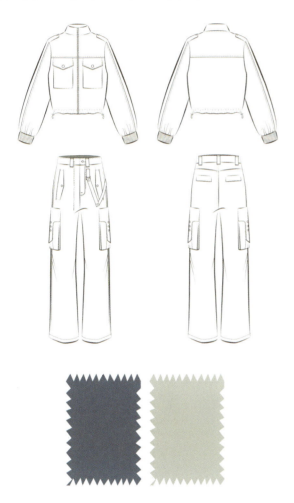

任务2：工装夹克套装CAD纸样绘制

一、工装夹克

（一）确定尺寸，制定规格尺寸表

分析款式造型要求，根据款式图确定成衣的长度和围度规格尺寸，整理绘制好规格尺寸表（表7-2-1）。

表 7-2-1

部位	衣长	胸围	肩宽	袖长	袖口
尺寸（厘米）	42	96	39	58	20

（二）绘制前后片

第一步：导入CAD原型衣片

选择【工艺图库】▦ 工具。在空白处点击左键从储存资源的文件库中调出绘制好的女装原型文件（图7-2-1）。选择【旋转复制】◢ 工具，根据款式特征进行省转移、调整原型（图7-2-2）。

第二步：完成框架图

选择【智能笔】✎ 工具，按住【Shift键】右击选定在原型的基础上需要调整长度的线条——衣长、领圈、下摆线，输入需要调整的长度数值。运用【设置线类型和颜色】▤ 工具，【线颜色】■ 选黑色，【线类型】— 选虚线，标示处理后的原型（图7-2-3）。

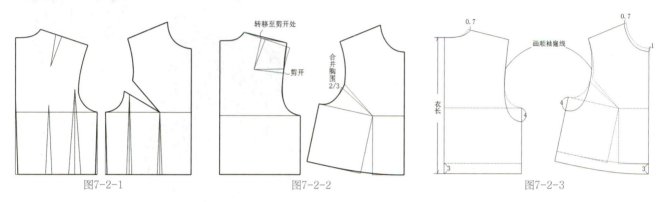

图7-2-1　　　　　　　　　图7-2-2　　　　　　　　　图7-2-3

第三步：完成结构图外轮廓

选择【合并调整】♒ 工具调整下摆起翘量。运用【文字】Ⓣ 工具，标注好相关数值。运用【移动旋转复制】⬈ 工具，调整好前后袖窿弧线的曲度（图7-2-4）。

第四步：绘制内部结构

选择【智能笔】✎ 工具，结合款式图进行肩袢及前贴袋结构设计，确定口袋 规格尺寸。运用【设置线类型和颜色】▤ 工具，【线颜色】■ 选黑色，【线类型】— 选粗实线，标示出前后片外轮廓和部位轮廓（图7-2-5）。

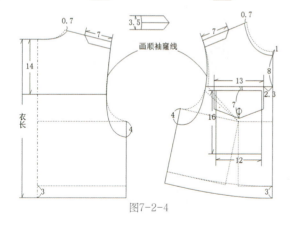
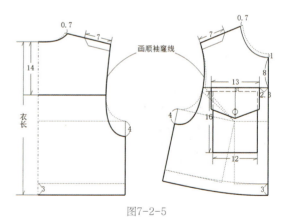

图7-2-4　　　　　　　　　　　　　　　　图7-2-5

（三）绘制袖片、零部件

1. 绘制袖片（图7-2-6）

选择【智能笔】✎ 工具，确定袖长、袖山高和袖口尺寸，选择【长度比较】🖌 工具，量取衣片前后袖窿弧线长度。运用【圆规】工具，以衣片前后袖窿弧线长度为参考确定好袖肥。选择【智能笔】✎ 工具，绘制袖中分割。运用【调整工具】⬉ 工具，调整袖口线，袖缝拼合后袖口应圆顺。

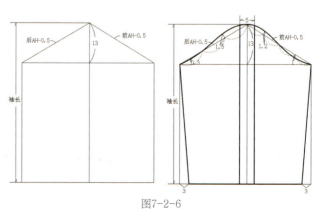

图7-2-6

2.绘制领子（图7-2-7）

选择【长度比较】工具，量取衣片前后领圈弧线长度。运用【智能笔】工具，确定领高度及领角长度，运用【圆规】工具，参考前后领圈弧长画好领底弧线。运用【调整工具】工具，调整领底弧线和外领弧线，完成领片结构。

3.绘制其他零部件

选择【成组复制/移动】工具，将肩袢、袋盖、贴袋移动复制出来。选择【智能笔】工具，将贴袋立体位展开。根据袖口尺寸绘制袖克夫。

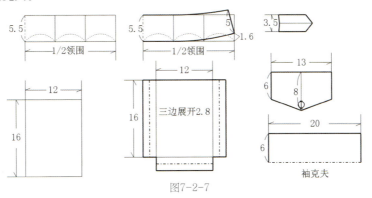

图7-2-7

（四）结构图排版

选择【成组复制/移动】工具，将各结构图复制并移动，排好完整结构图版面。运用【布纹线】工具，标示好各部件纱向，并用【文字】工具，标注好相关结构图信息（图7-2-8）。

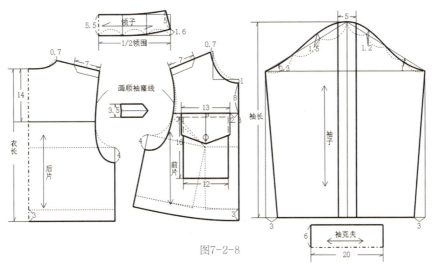

图7-2-8

（五）裁片排料（图7-2-9）

选择【剪刀】工具，按结构图裁剪样版，并识别出内部结构线。运用【布纹线】工具，确定各部件纱向，做好纸样信息。运用【剪口】工具，做好领袖等关键位置对刀位。在排料时要做到节约用料。

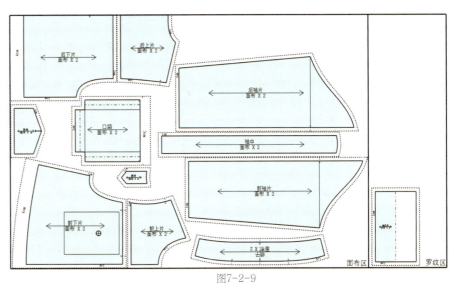

图7-2-9

179

二、工装裤

（一）确定尺寸，制定规格尺寸表

分析款式造型要求，根据款式图确定裤子的长度和围度规格尺寸，整理绘制好规格尺寸表（表7-2-2）。

表 7-2-2

部位	裤长	腰围	臀围	前裆深	脚口
尺寸（厘米）	104	66	94	30	49

（二）绘制前后片

第一步：完成框架图（图7-2-10）

选择【智能笔】工具，定好裤长、臀围、前后裆宽等尺寸。

第二步：完成结构图外轮廓（图7-2-11）

运用【等分规】工具，二等分画好前后裤中线。选择【智能笔】工具，根据款式造型和腰围尺寸确定腰省的位置及大小，确定育克结构。运用【调整工具】工具，调整前后裆线。运用【文字】工具，标注好相关数值。

第三步：绘制内部结构（图7-2-12）

选择【智能笔】工具，绘制门襟并完成前后袋盖、侧缝贴袋及装饰带设计。

运用【调整工具】工具，调好前后侧缝线，下裆线。运用【设置线类型和颜色】工具，【线颜色】选黑色，【线类型】选粗实线，标示出外轮廓和部位轮廓。

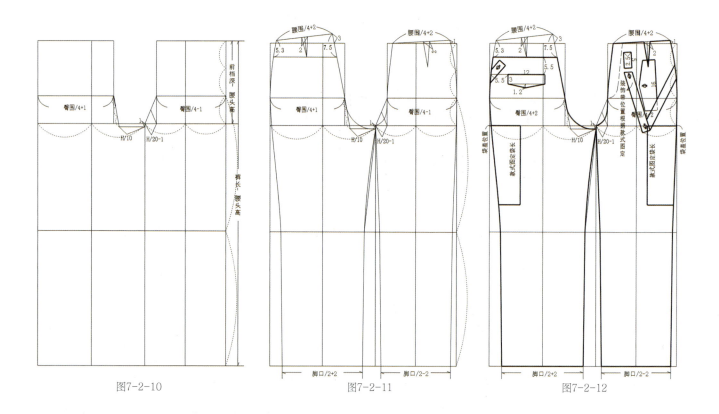

图7-2-10　　　　　　　　图7-2-11　　　　　　　　图7-2-12

（三）绘制零部件

选择【成组复制/移动】工具，将后裤片育克复制并移动，运用选择【旋转复制】工具，将腰省合并，再选择【调整工具】工具，将育克弧线调顺。选择【成组复制/移动】工具，从前裤片上将门襟、袋盖、贴袋、装饰条移动复制出来。选择【智能笔】工具，绘制侧缝贴袋袋盖，展开贴袋立体位。根据腰头尺寸绘制腰头（图7-2-13）。

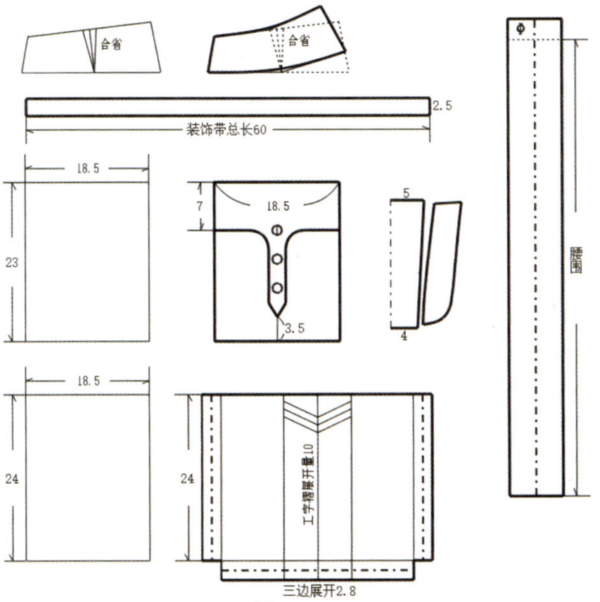

图7-2-13

（四）结构图排版

选择【成组复制/移动】工具，将各结构图复制并移动，排好完整结构图版面。运用【布纹线】工具，标示好各部件纱向，并用【文字】工具，标注好相关结构图信息（图7-2-14）。

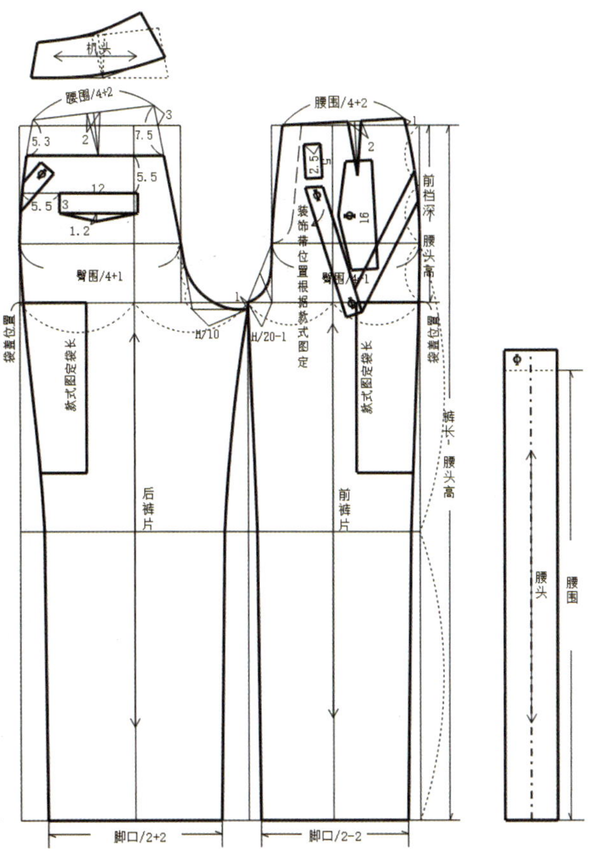

图7-2-14

（五）裁片排料

选择【剪刀】工具，按结构图裁剪样版，并识别出内部结构线。运用【布纹线】工具，确定各部件纱向，填写好纸样信息。运用【剪口】工具，做好臀围线、省等关键位置对刀位。在排料时要做到节约用料（图7-2-15）。

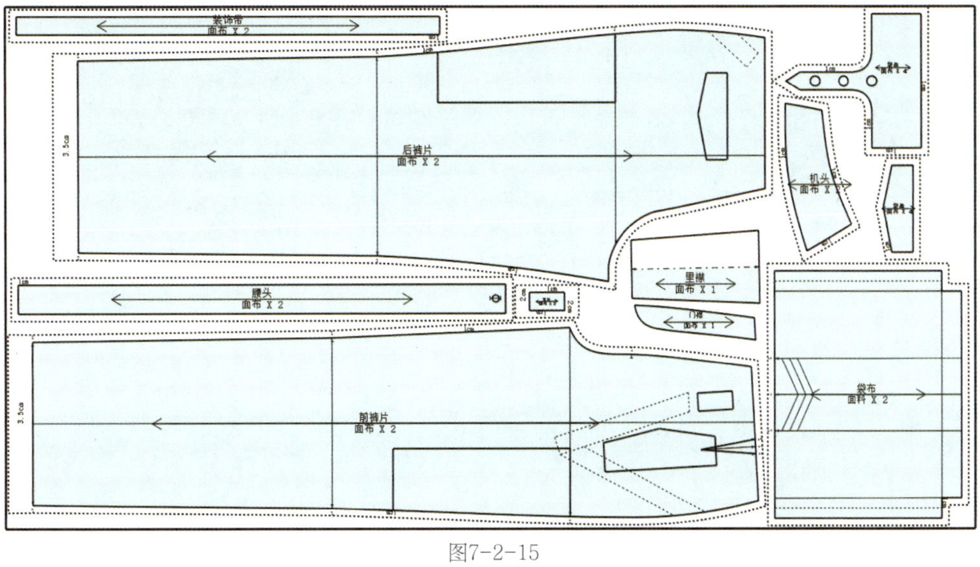

图7-2-15

任务3：工装夹克套装3D效果展示步骤

（一）导入版片

第一步：导入版片文件

执行【文件】—【导入】 —【导入DXF】命令，将工装夹克套装版片导入平面制图软件中。

第二步：整理2D窗口版片

1.根据款式要求，整理工装夹克套装版片。执行【编辑版片】 命令，选择后中心线，右击选择【边缘对称】命令，生成版片另一半。

2.执行【选择】命令，按住【Shift键】选择前片夹克、袖子、夹克口袋、裤子前片（包括口袋）、裤子后片（包括育克）、裤子零部件。右击选择【克隆对称版片（版片和缝纫线）】。生成缺失的衣片及裤片（图7-2-16）。

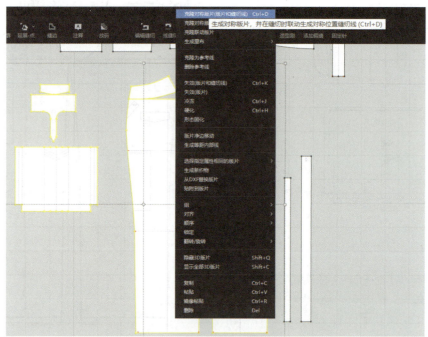

图7-2-16

3.按照2D窗口中模特摆放位置，将所有版片排列好位置。在3D窗口，右键选择【按照2D位置重置版片】，将3D窗口中的版片也进行相应的位置调整和摆放（图7-2-17）。

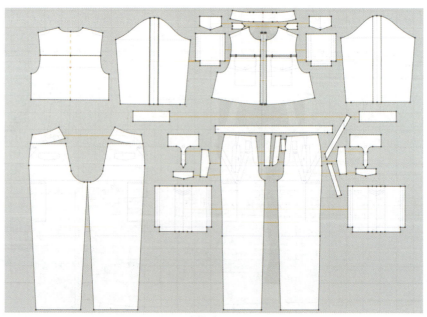

图7-2-17

（二）工装夹克建模

第一步：安排版片

在3D窗口中，点击【模特】▮—【安排点】▮，打开模特安排点，按照版片在人体的位置，分别选择模特上对应的点，依次完成工装夹克版片的安排（图7-2-18）。（注意口袋要安排在衣片的外面，避免模拟时穿模。）

图7-2-18

第二步：版片假缝

1.点击【勾勒轮廓】▮工具，按住【Shift键】按依次点击工装夹克零部件内部线、衣片口袋位，右击选择【勾勒为内部线/图形】。

2.在菜单栏中，点击【开始】—【线缝纫】▮/【自由缝纫】▮工具，在2D窗口或者3D窗口，按照款式的结构关系，依次点击假缝位置，将前片、后片、袖子、袖克夫、领子、口袋、肩袢进行假缝（图7-2-19、如图7-2-20）。

图7-2-19

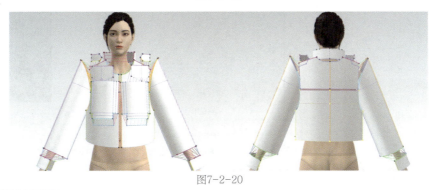

图7-2-20

第三步：初步模拟与调整

将工装夹克缝合好的版片选择后，右键点击【硬化】，按空格键，开始模拟。模拟过程中可以拉拽面料，使衣身保持平衡（图7-2-21）。

图7-2-21

第四步：工艺细节处理

1. 生成工装夹克里布：根据工装夹克的特点，工艺上设置里布，用【选择】工具选择工装夹克的前片、后片、过肩、领子右击选择【生成里布】【生成里布层（里侧）】。

2. 拉链的工艺处理：选择【素材】—【拉链】🔲，点击前片领子缝合起点到前片门襟的拉链终点，双击结束。再点击另一侧领子的缝合起点到前片另一侧拉链终点，双击结束（图7-2-22）。

3. 口袋立体化处理：选择【开始】—【自由缝纫】🔲工具，点击口袋底边缺口，依次缝合，调整缝合线类型为【合缝】。口袋盖做双层处理（图7-2-23）。

图7-2-22

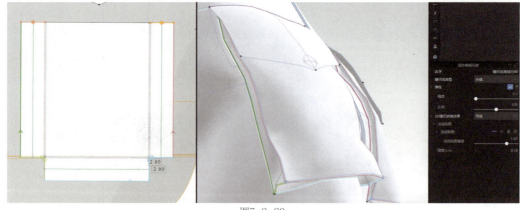

图7-2-23

4. 底边束口工艺处理：执行【编辑版片】🔲命令，选择前片后片底摆，右击选择【版片净边移动】命令，将净边延伸出去1cm。再在菜单栏中，选择【折叠角度】工具，在3D视窗中，选择衣片原底边线，将新增加的版片量往里面折叠。前后片同步操作（图7-2-24）。

图7-2-24

（1）点击衣片原底边线，生成等距内部线。利用【线缝纫】 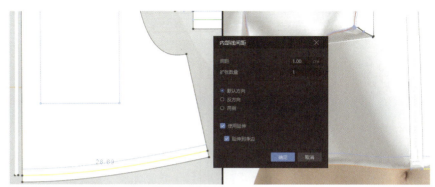 /【自由缝纫】 工具，将新增的版片底边跟内部线缝合，缝纫线类型为【合缝】（图7-2-25、图7-2-26）。

（2）最后，点击【编辑版片】 ，选择原底边，在【属性编辑视窗】，将弹性打开，并且进行网格细化，形成抽褶效果（图7-2-27）。

5.口袋盖、领子、肩袢等做双层处理。

6.最后模拟，调试。将工装夹克冷冻，隐藏工装夹克所有版片（图7-2-28）。

图7-2-25

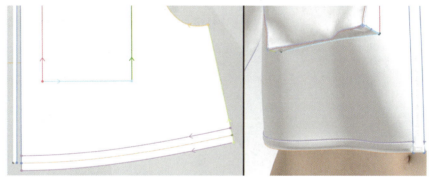

图7-2-26

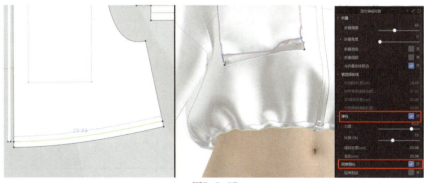

图7-2-27

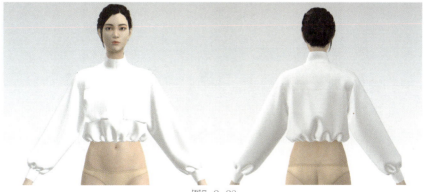

图7-2-28

（三）工装裤建模

第一步：安排版片

在3D窗口中，点击【模特】—【安排点】，打开模特安排点，点击2D窗口中工装裤版片，点击3D窗口中模特位置安排点。按照规律依次安排完成工装裤所有版片的安排（图7-2-29）。

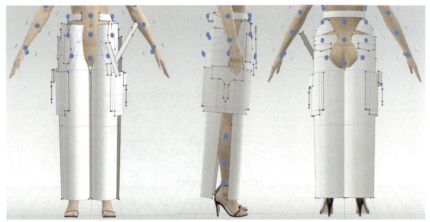

图7-2-29

第二步：版片假缝

1.在菜单栏中，点击【开始】—【线缝纫】／【自由缝纫】工具，在2D窗口或者3D窗口，按照款式的缝纫关系，依次点击假缝位置，将前片、后片、后片育克、腰头、口袋布进行假缝（图7-2-30、图7-2-31）。

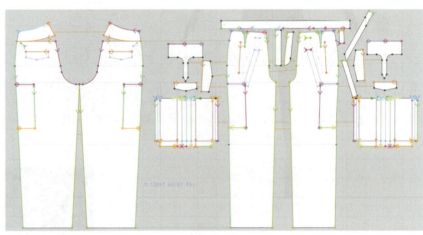

图7-2-30

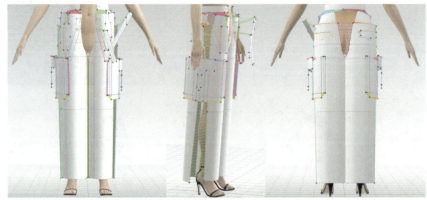

图7-2-31

第三步：初步模拟与调整

1.将工装裤袋布设置层数为-1，在前片上右键单击【隐藏版片】，打开模拟状态下将袋布调整平顺。

2.所有版片选择后，右键点击【硬化】，按空格键，开始模拟。模拟过程中可以拉拽版片，做细节调整（图7-2-32）。

图7-2-32

第四步：工艺细节处理

1.拉链的工艺处理：门襟、里襟添加粘衬。按照装拉链位置的要求，完成拉链的工艺处理（参考模块五项目一任务3中牛仔裤拉链方法），增加门襟扣眼与纽扣。

2.口袋立体效果处理：选择【开始】—【自由缝纫】 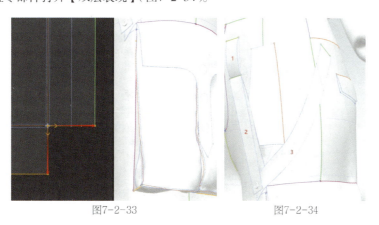工具，点击口袋底边缺口，依次缝合，调整缝合线类型为【合缝】。口袋边内部线折叠角度为360°、0°。所有的口袋盖做双层处理（图7-2-33）。

3.零部件工艺处理：按照款式要求，调节绳带1、2、3的层次关系。2、3用扣眼与纽扣连接。3从前片斜跨到后片，注意缝合的方向，并设置零部件打开【双层表现】（图7-2-34）。

图7-2-33　　　　　　　　　　图7-2-34

4.全套模拟，模拟时更改人体姿势，可以根据款式特点更改发型与鞋子（图7-2-35）。

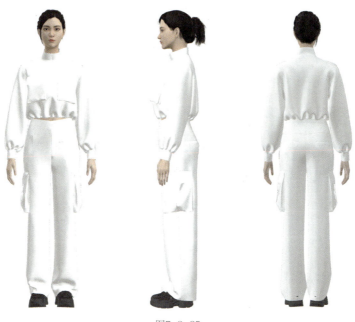

图7-2-35

（四）数字面料设置

第一步：面料设置

1.面料选择（图7-2-36）

方法一：扫描好需要的面料，并确定名称，如工装夹克面料、工装裤面料、外套罗纹、工装夹克套装里料。添加到场景视窗中【当前】【织物】中。

方法二：选择【资源库】【面料/材质】，挑选工装夹克套装面料。双击添加面料到场景视窗中。

图7-2-36

2.填充面料（图7-2-37）

（1）在2D窗口或者3D窗口，选择所有工装夹克版片，点击"工装夹克面料"右键点击【应用到选中版片】。

（2）同样的方法，完成罗纹、衣服里料、裤子面料的填充。

（3）在面料属性编辑器，添加扫描面料的法线贴图，使面料具有层次感。模拟，观察填充面料的效果。可以在属性编辑器调整面料属性。

图7-2-37

第二步：辅料设置

1.拉链：根据工装夹克套装的风格，设置拉链相应的数值。【选择】工具，点击拉链，在【属性编辑视窗】中，将布带的宽度、长度、厚度进行设置。然后点击【编辑拉链样式】，选择合适的拉齿、拉带、拉头、拉片、拉止。

2.明线：点击【素材】—【线段明线】/【自由明线】工具，点击默认明线，在属性编辑视窗中，设置明线的数据，在2D窗口或者3D窗口，按照款式的结构关系，依次点击需要设置明线的位置，如领口、门襟、肩缝、底摆、裤子立体口袋、裤子绳带、分割线等（图7-2-38、图7-2-39）。

 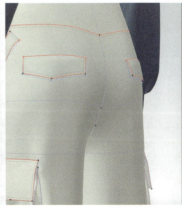 

图7-2-38　　　　　　　　　　　　　　图7-2-39

3. 扣子：根据工装夹克套装款式特点，选择合适的装饰扣，在属性编辑视窗中编辑尺寸、材质。在【纹理】中更改扣子纹理及颜色。（如果扣子为附件，点击扣子，右上角吸附，放在合适的位置。）按照款式，依次安排扣子的位置，如肩襻、口袋盖、裤子门襟、裤子绳带结构等（图7-2-40、图7-2-41）。

4. 日字扣：在资源库中找到合适的日字扣添加到附件中，按照设置日字扣的方法，将日字扣吸附在绳带上，用坐标轴调整位置（图7-2-42）。

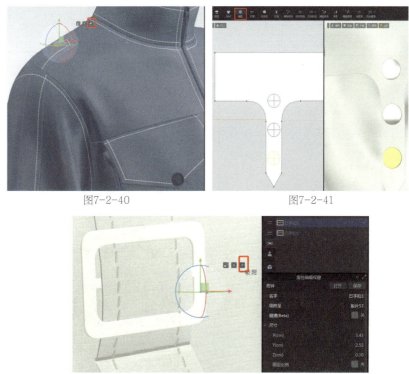

图7-2-40　　　　　　　　　　　　图7-2-41

图7-2-42

（五）渲染与展示

选择所有版片，在【属性编辑视窗】中进行颜色、效果的调整，然后将"粒子间距"调整为"8~10"（小的零部件可以将数字调成小于5）。选择【工具】—【离线渲染】 ，选择多图形式，弹出【3D快照】，在【图片】中，按照调节的尺寸进行调整，然后点击【本地渲染】，生成展示图片（图7-2-43）。

图7-2-43

模块八
风衣与大衣

项目一 H型经典风衣

任务1：H型经典风衣效果图

款式特征概述：

    此款风衣为H型；翻驳领；双排扣；肩部设肩章；前左肩有胸覆片，左右各设一个斜插袋；腰部设腰带；后片防风片；两片袖，袖口有装饰型袖带。

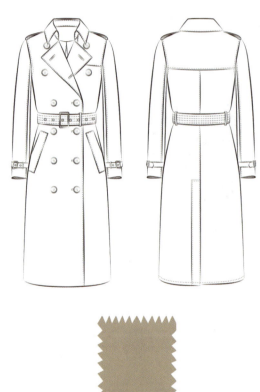

任务2：H型经典风衣CAD纸样绘制

一、H型经典风衣

（一）确定尺寸，制定规格尺寸表

    分析款式造型要求，根据款式图确定成衣的长度和围度尺寸，整理绘制好规格尺寸表（表8-1-1）。

表8-1-1

部位	后衣长	胸围	肩宽	袖长
尺寸（厘米）	108	102	39	58

（二）绘制前后片

第一步：导入CAD原型衣片

选择【工艺图库】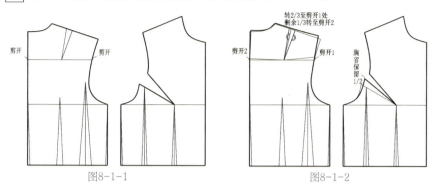工具。在空白处，点击左键从储存资源的文件库中调出绘制好的女装原型文件（图8-1-1）。选择【旋转复制】工具，根据款式特征进行省转移、原型调整（图8-1-2）。

图8-1-1　　　　　　　　　图8-1-2

第二步：完成框架图

选择【智能笔】工具，按住【Shift键】右击选定在原型的基础上需要调整长度和围度线条——衣长、肩宽、腰围线、下摆线、侧缝线，输入需要调整的长度数值。运用【设置线类型和颜色】工具，【线颜色】选择黑色，【线类型】选择虚线，标示处理后的原型（图8-1-3）。

第三步：完成结构图外轮廓

选择【智能笔】工具，结合款式图确定好前、后腰围、下摆造型和后衩造型。运用【文字】工具，标注好相关数值。运用【移动旋转复制】工具，调顺前后袖窿弧线和前后领圈弧线。选择【合并调整】工具，调顺前后下摆弧线（图8-1-4）。

第四步：绘制内部结构

选择【智能笔】工具，确定口袋造型、腰裥和肩裥位置。运用【CSE圆弧】工具，按下【Shift键】鼠标变成圆的标志后定好纽扣位。运用【设置线类型和颜色】工具，【线颜色】选择黑色，【线类型】选择粗实线，标示出前后片外轮廓和部位轮廓（图8-1-5）。

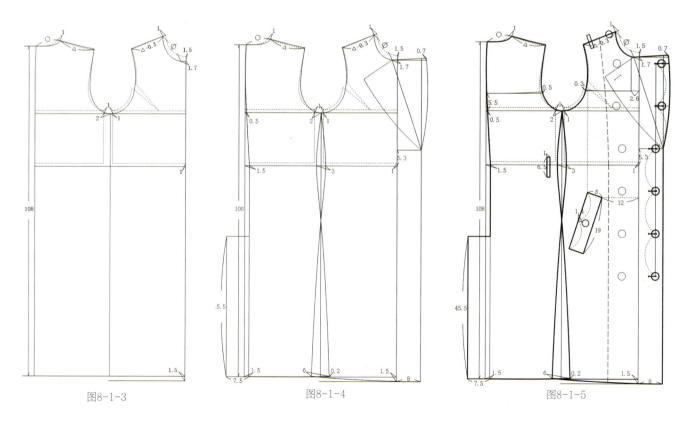

图8-1-3　　　　　　　　　图8-1-4　　　　　　　　　图8-1-5

（三）绘制袖片、零部件

1.绘制袖片（图8-1-6）

选择【智能笔】 工具，确定袖长、袖肘高、袖山高尺寸。选择【长度比较】 工具，量取衣片前后袖窿弧线长度。运用【圆规】 工具，以衣片前后袖窿弧线长度为参考确定好袖肥。运用【智能笔】 工具，分离大小袖片，画顺袖山弧线。选择【合并调整】 工具，调顺大小袖袖口弧线。

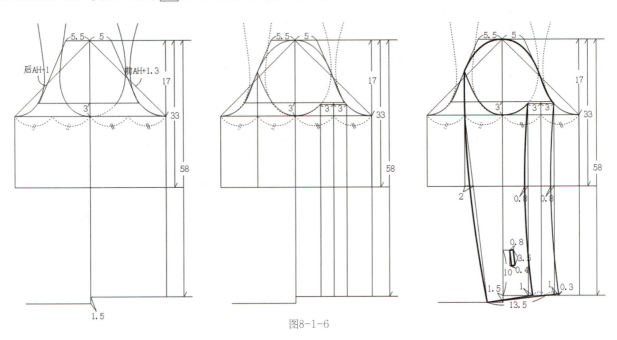

图8-1-6

2.绘制领片（图8-1-7）

选择【长度比较】 工具，量取衣片前后领圈弧线长度。运用【智能笔】 工具，确定领座和翻领造型和尺寸。运用【调整工具】 工具，调整领底弧线和外领弧线，完成领片结构。

3.其他零部件（图8-1-7）

选择【成组复制/移动】 工具，将后育克和前衣上盖片复制并移动。选择【展开/去除余量】 工具，根据款式特征，放出后育克的松量。运用【智能笔】 工具，根据款式特征，确定腰带、袖带和肩带长度和造型。运用【CSE圆弧】 工具，定好腰带、袖带打孔位。

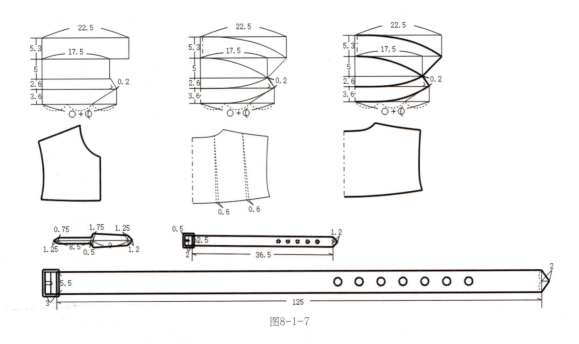

图8-1-7

（四）结构图排版

选择【成组复制/移动】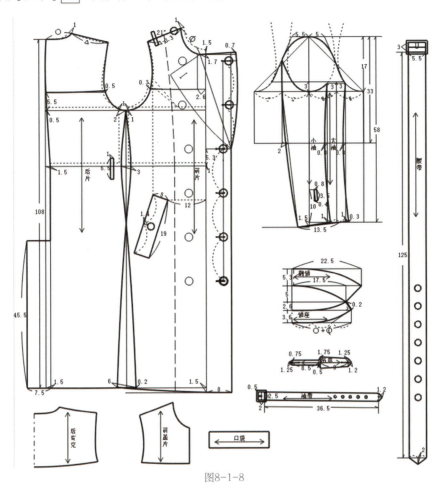工具，将各结构图复制并移动，排好完整结构图版面。运用【布纹线】工具，标示好各部件纱向，并用【文字】工具，标注好相关结构图信息（图8-1-8）。

图8-1-8

（五）裁片排料

选择【剪刀】工具，按结构图裁剪样版，并识别出内部结构线。运用【缝份】工具，核对好各部位缝份。运用【布纹线】工具，确定各部件纱向，做好纸样信息。运用【剪口】工具，做好领袖等关键位置对刀位。在排料时要做到节约用料（图8-1-9）。

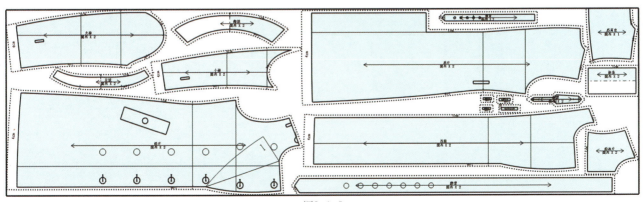

图8-1-9

任务3：H型经典风衣3D效果展示步骤

（一）导入版片

第一步：导入版片文件

执行【文件】—【导入】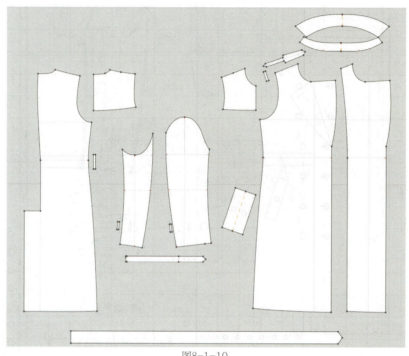—【导入DXF】命令。导入制图软件中H型经典风衣版片，并按照下图的形式将版片进行摆放（图8-1-10）。

图8-1-10

第二步：整理2D窗口版片

根据款式要求，整理H型经典风衣版片。按住【Shift键】选择挂面、前衣片、后衣片、大小袖片、侧袋、肩襻、腰襻、袖襻版片，右击选择【克隆对称版片（版片和缝纫线）】，生成对称的联动版片。（备注：分别选择需要生成的对称版片后，按住快捷键"Ctrl+D"也可以生成对称的联动版片。）执行【开始】—【编辑版片】口命令，选择后过肩版片，右击选择【边缘对称】命令，生成版片另一半（图8-1-11）。

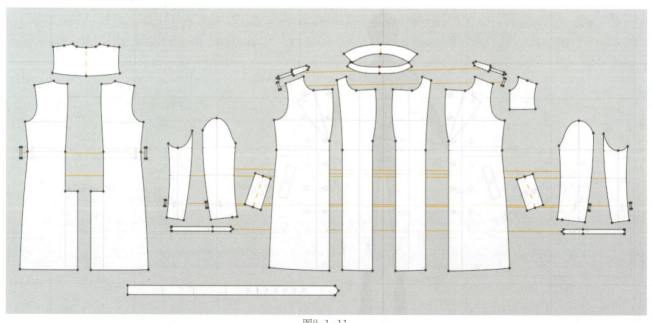

图8-1-11

（二）H型经典风衣建模

第一步：安排版片

在3D窗口中，点击【模特】 👤 —【安排点】 🧍，打开模特安排点，按照版片在人体的位置，分别选择模特上对应的点，完成H型经典风衣所有版片的安排，将版片的里外层次摆放好（图8-1-12）。（注意为了后面的操作更方便，可先将肩衬、袖衬、腰衬等零部件进行冷冻处理，并将腰带进行冷冻和隐藏。）

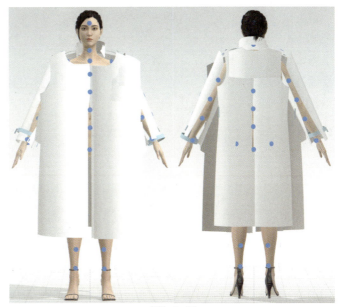

图8-1-12

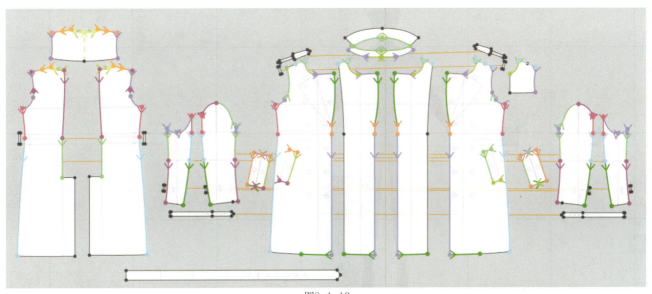

图8-1-13

第二步：版片假缝

点击【开始】—【线缝纫】 🖼/【自由缝纫】 🖼 工具，按照款式的结构关系，在2D窗口或者3D窗口，依次点击后中缝、后过肩与后片、前片与挂面止口位置、前后侧缝、大小袖缝、袖窿弧线与袖山弧线、前过肩与左前片、侧袋与前片、领口与领子之间进行假缝（图8-1-13、图8-1-14）。（注意门襟处的缝合类型为"合缝"，冷冻的零部件可以先不缝合，后面分类别再缝。）

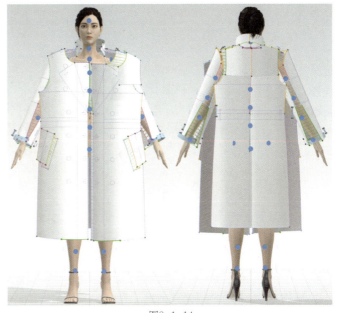

图8-1-14

第三步：模拟

将H型经典风衣所有版片选择后，右键点击【硬化】，按空格键，开始模拟。模拟过程中可以拉拽面料，使衣身保持平衡（图8-1-15）。

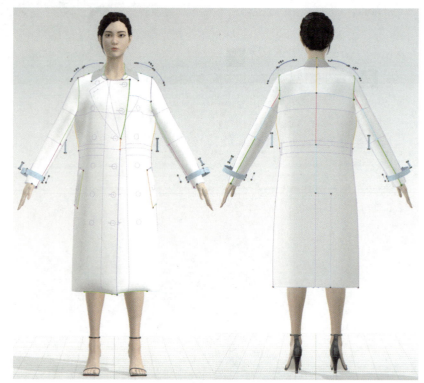

图8-1-15

第四步：细节处理

1. 在2D窗口，点击【素材】—【纽扣】⊙和【扣眼】◾工具，在其中一个前片上添加纽扣和扣眼，并选择所有的扣眼和纽扣，右击"复制到对称版片"，添加好左右前片双排扣的扣眼和纽扣。然后用【系纽扣】⊙工具将其进行扣合（图8-1-16）。

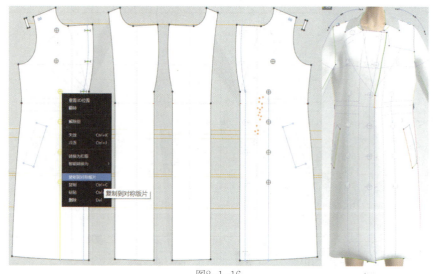

图8-1-16

2. 右键选择领子翻折线，在弹出的对话框中选择"生成等距内部线"，生成2条0.2cm的等距线，然后在【属性编辑视窗】中调整"折叠强度"和"折叠角度"（图8-1-17）。

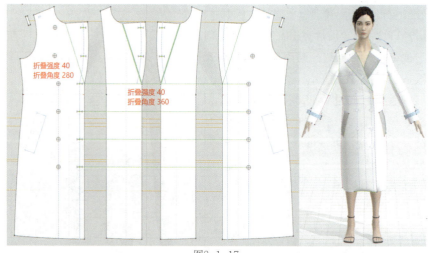

折叠强度 40
折叠角度 280

折叠强度 40
折叠角度 360

图8-1-17

3. 肩袢与肩带：（1）用【素材】—【扣眼】▣ 在肩带两端对称位置添加扣眼，用【素材】—【纽扣】▣ 在衣片肩线位置添加纽扣（图8-1-18）；（2）将肩带放在肩部相应位置，然后用【开始】—【折叠安排】▣ 将肩带进行折叠（图8-1-19）；（3）用【素材】—【系纽扣】▣ 将衣片上纽扣与肩带上的扣眼进行扣合（图8-1-20）；（4）做肩带的时候，选择肩袢，在【属性编辑视窗】将"层次"设置为1（图8-1-21）；（5）在3D窗口，选择肩带和肩袢，右键选择"使用对称形态版片"，将两侧的肩带、肩袢效果设置成统一的效果（图8-1-22）。

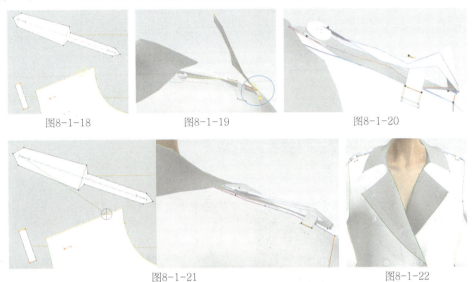

图8-1-18　　　　　　　　图8-1-19　　　　　　　　图8-1-20

图8-1-21　　　　　　　　　　　　　　图8-1-22

4.袖袢与袖带：（1）点击【开始】—【线缝纫】▣，将袖袢上下两端缝合在袖子相应的位置，并设置其层次为"2"（图8-1-23）；（2）将袖带进行缝合，并将其层次设置为"1"，使其放在袖子和袖袢之间（图8-1-24）。

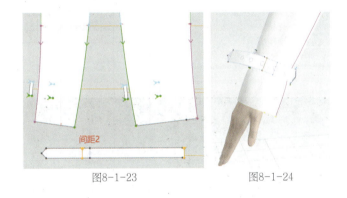

图8-1-23　　　　　　　　图8-1-24

5.腰带与腰袢：（1）将腰袢缝合在腰部相应位置，腰袢层次设置为"2"，然后将腰带放置在合适的位置后"冷冻"，层次设置为"1（图8-1-25）；（2）点击【开始】—【线缝纫】▣ 将腰带两侧进行缝合（图8-1-26）；（3）右键腰带选择硬化，并按空格键进行腰带模拟（图8-1-27）。

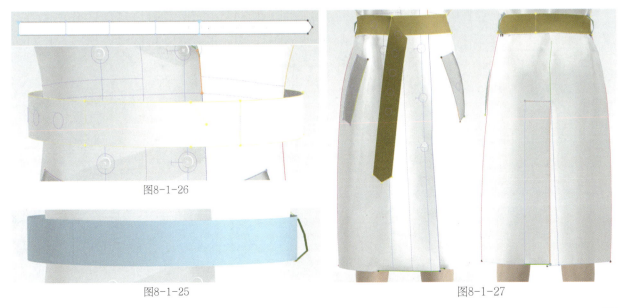

图8-1-26

图8-1-25　　　　　　　　　　　　　　图8-1-27

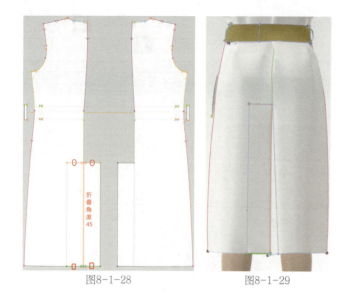

图8-1-28　　　　　　　　图8-1-29

6.后衩：（1）右键后片，选择"解除联动"；（2）点击【开始】—【线缝纫】 ，将左后片后衩位置进行缝合（图8-1-28）；（3）右击衩的中线，选择"生成等距内部线"2条，并将其"折叠角度"设置为45°（图8-1-29）。

7.添加明线：（1）点击【开始】—【编辑版片】 工具，右键需要添加明线的位置，在弹出的对话框中输入"间距线宽度"为0.2或0.5（根据款式需求设定），并将添加的内部线设置"折叠角度"为195°（图8-1-30）；（2）点击【素材】—【线段明线】 工具，设置好明线的属性，左键单击需要添加明线的版片结构线，将所有需要添加明线的位置加上不同宽度的明线（图8-1-31）；（3）在【属性编辑视窗】对不同位置的明线进行不同的数值设置（线的数量、宽度、到边距类型、到边距的尺寸等）（图8-1-32、图8-1-33）。

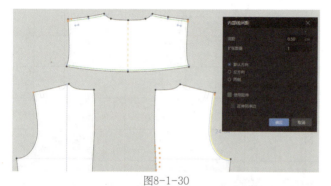

图8-1-30

图8-1-31　　　　　　　　　　　　　　图8-1-33

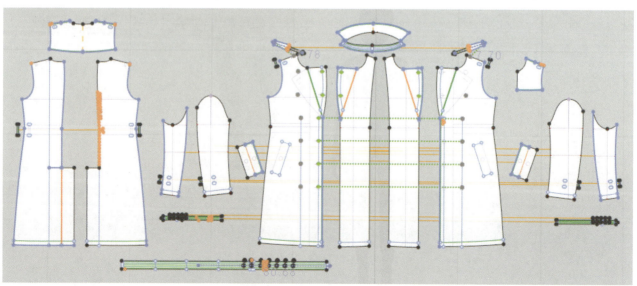

图8-1-32

8.明线效果：（1）点击添加明线位置的版片结构线，在【属性编辑视窗】中勾选"双层表现"（图8-1-34）；（2）在【场景管理视窗】—【明线】 中，选择各种明线，在【属性编辑视窗】中勾选"3D凹痕效果"，并将"法线贴图"的强度设置为1（图8-1-35）。

图8-1-34

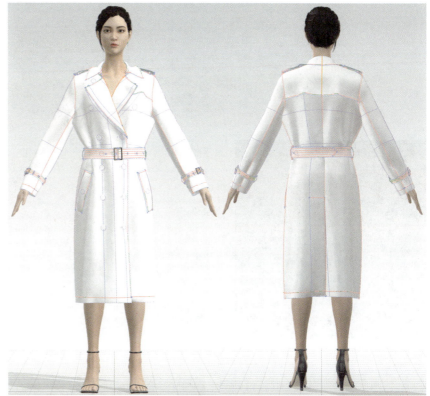

图8-1-35

9.腰袢与腰带：（1）用【开始】—【圆形】 工具，在腰带中线上画出一个圆形扣环，然后再将其"复制、粘贴"出5个相同的圆形（图8-1-36）；（2）【开始】—【选择移动】 工具，框选画好的圆形，右击"克隆为版片"；（3）在克隆为版片的圆形里面，再用【圆形】 工具，在内圈绘制一个小的圆形，然后右击"转换为洞"，生成一个内部镂空的圆环（图8-1-37）；（4）用【开始】—【线缝纫】 将圆环版片与腰带上的圆形位置进行缝合（图8-1-38）；（5）在【资源库】—【辅料】—【日字扣】中，选择合适的日字扣形式，双击添加到腰带合适的位置（图8-1-39）；（6）为了让日字扣与腰带更好的协调，在放置日字扣的腰带位置，添加2条0.3的等距内部线，并将"折叠角度"设置为0°，然后通过设定"固定针"，不断调整日字扣定位球的角度和位置，将日字扣放好（图8-1-40、图8-1-41）。

图8-1-36

图8-1-40

图8-1-37

图8-1-38

图8-1-39

图8-1-41

10.袖带处理：用与上一步相同的方法，将袖带的扣环和日字扣进行相同的处理（图8-1-42、图8-1-43）。

11.褶皱表现：选择【素材】—【线褶皱】 ～～～ 工具，在【属性编辑视窗】设置相应的数值，然后将其应用在添加的明线上（图8-1-44）。

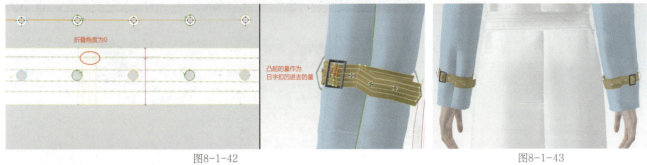

图8-1-42　　　　　　　　　　　　　　　　　　图8-1-43

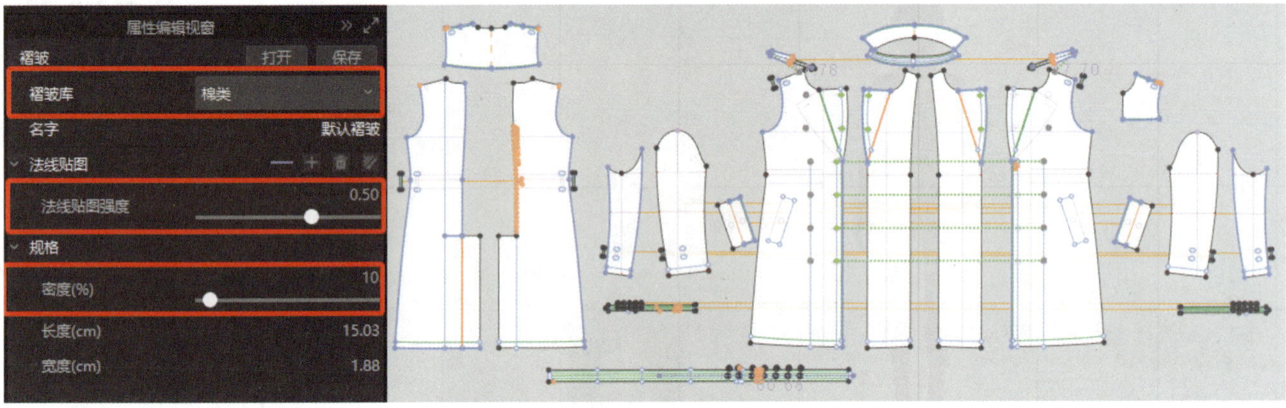

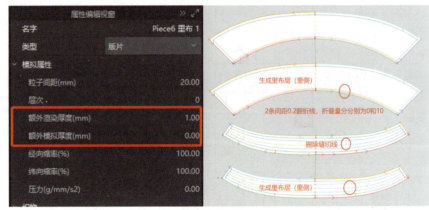

图8-1-44

12.领子处理：用【开始】—【选择移动】工具，框选立领和翻领，右键选择"生成里布层（里侧）"，将领子做双层处理，并利用【开始】—【编辑缝纫】 工具，删除内部的缝纫线，同时设置好翻领的翻折线的"折叠角度"数值，观察领子在脖子上的效果。最后将领里版片的"额外渲染厚度"设置为1，"额外模拟厚度"设置为0（图8-1-45、图8-1-46）。

图8-1-45

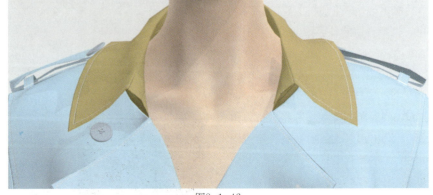

图8-1-46

13. 底边贴边：（1）用【开始】—【选择移动】工具，框选前片、后片、大袖、小袖版片，右键选择"生成里布层（里侧）"，将主要版片生成里布（图8-1-47）；（2）用【编辑版片】 ▢ 工具，右击贴边线，选择"剪切"，并将内部的一些缝纫线删除（图8-1-48）；（3）用【开始】—【线缝纫】 ▬ 工具，将剪切出的贴边内线与版片底边进行缝合（图8-1-49）。

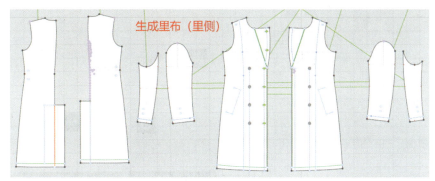

图8-1-47

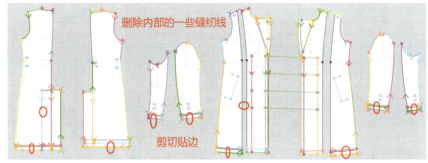

图8-1-48

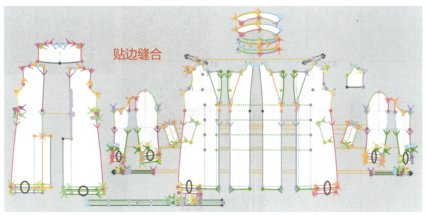

图8-1-49

第五步：全套模拟

1. 在3D窗口，服装处于模拟状态下，选择模特，在【属性编辑视窗】完成模特发型、鞋子等的调整。

2. 调整好人体姿态、平衡好服装关系后，在3D窗口选择【颜色】 ▩ ，将硬化、粘衬、固定针前面的勾取消。然后在2D窗口选择【工具】—【离线渲染】工具，在弹出的界面中，选择多图，并按照前面模块中数值进行相应设置，然后点击直接保存。得到整体模拟图（图8-1-50）。

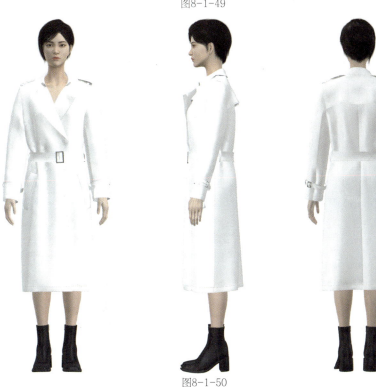

图8-1-50

（三）数字面料设置

第一步：导入、填充面料

选择【资源库】 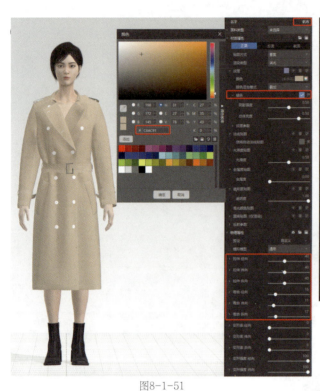 —【面料/材质】 —"帆布"面料进行版片填充，并在【属性编辑视窗】设置相应的颜色和面料拉伸（图8-1-51）。

第二步：纽扣等辅料处理

在【场景管理视窗】窗口，分别选择【纽扣】 、【扣眼】 、【明线】 、【附件】 等，然后在【属性编辑视窗】进行相应的调整（图8-1-52）。

图8-1-51

图8-1-52

选择所有版片，在【属性编辑视窗】中进行颜色、效果的调整，然后将"粒子间距"调整为"8~10"（小的零部件可以将数字调成小于5）。选择【工具】—【离线渲染】 ，选择多图形式，弹出【3D快照】，在【图片】中，按照前几模块调节的尺寸进行调整，然后点击【本地渲染】，生成展示图片（图8-1-53）。

图8-1-53

项目二 连身袖呢大衣

任务1：连身袖呢大衣效果图

款式特征概述：

此款大衣为A型。翻驳领；双排扣；前片左右各设一个圆贴袋；后中分割；连身袖，袖底拼三角形插片；腰部设有腰带。

任务2：连身袖呢大衣CAD纸样绘制

一、连身袖呢大衣

（一）确定尺寸，制定规格尺寸表

分析款式造型要求，根据款式图确定成衣的长度和围度尺寸，整理绘制好规格尺寸表（表8-2-1）。

表8-2-1

部位	后衣长	胸围	肩宽	袖长
尺寸（厘米）	112	108	39	60

（二）绘制前后片

第一步：导入CAD原型衣片

选择【工艺图库】▤工具。在空白处点击左键从储存资源的文件库中调出绘制好的女装原型文件（图8-2-1）。选择【旋转复制】⟳工具，根据款式特征进行省转移、原型调整（图8-2-2）。

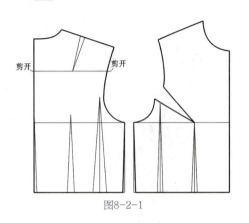

图8-2-1

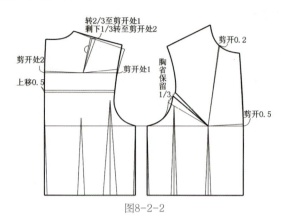

图8-2-2

第二步：完成框架图（图8-2-3）

选择【智能笔】✐工具，按住【Shift键】右击选定在原型的基础上需要调整长度和围度线条——衣长、肩宽、腰围线、下摆线、侧缝线，输入需要调整的长度数值。运用【设置线类型和颜色】▦工具，【线颜色】■选择黑色，【线类型】—选择虚线，标示处理后的原型。

第三步：完成结构图外轮廓（图8-2-4）

选择【智能笔】✐工具，结合款式图确定好前、后片需放摆量的位置。选择【展开/去除余量】◭工具，根据款式特征，放出前后衣片的摆量。运用【文字】T工具，标注好相关数值。运用【移动旋转复制】⟳工具，调整好前后袖窿弧线和前后领圈弧线的曲度。

第四步：绘制内部结构

运用【智能笔】✐和【圆角】⌐工具，结合款式图确定贴袋位置和圆角造型。运用【移动旋转复制】⟳工具，将后领原型对接至前领，完成基础领的绘制。运用【圆弧】⟋工具，按下【Shift键】鼠标变成圆的标志后定好纽扣位。运用【合并调整】⤩工具，调顺下摆曲线。运用【设置线类型和颜色】▦工具，【线颜色】■选择黑色，【线类型】—选择粗实线，标示出前后片外轮廓和部位轮廓（图8-2-5）。

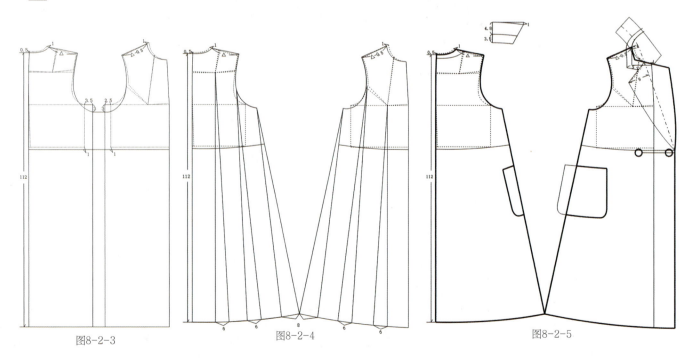

图8-2-3　　　　　　　　　　图8-2-4　　　　　　　　　　图8-2-5

（三）绘制袖片、零部件

1. 绘制袖片（图8-2-6）

选择【智能笔】 工具，确定袖长、袖山高、袖口及连袖袖底造型。选择选择【旋转复制】 工具，将前、后前片侧缝缺失部分转移至小袖上。运用【移动旋转复制】 工具，将前、后小袖合并成一片。选择【长度比较】 工具，核对袖子与衣身需缝合的位置长度。

2. 绘制领片（图8-2-7）

选择【成组复制/移动】 工具，将基础领复制并移动，领面分离领座与翻领。运用【展开去除余量】 工具，处理领面翻领与领座的缩放量。选择【长度比较】 工具，核对衣片领圈与领子的长度。

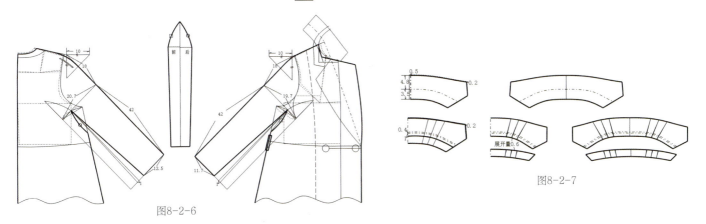

图8-2-6

图8-2-7

（四）结构图排版

选择【成组复制/移动】 工具，将各结构图复制并移动，排好完整结构图版面。运用【布纹线】 工具，标示好各部件纱向，并用【文字】 工具，标注好相关结构图信息（图8-2-8）。

（五）裁片排料

选择【剪刀】 工具，按结构图裁剪样版，并识别出内部结构线。运用【缝份】 工具，核对好各部位缝份。运用【布纹线】 工具，确定各部件纱向，做好纸样信息。运用【剪口】 工具，做好领袖等关键位置对刀位。在排料时要做到节约用料（图8-2-9）。

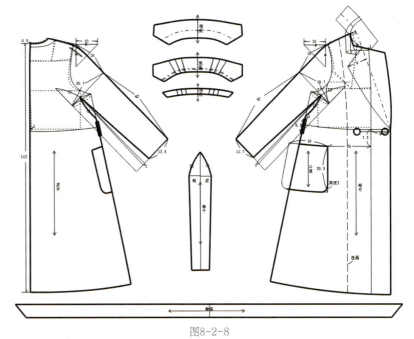

图8-2-8

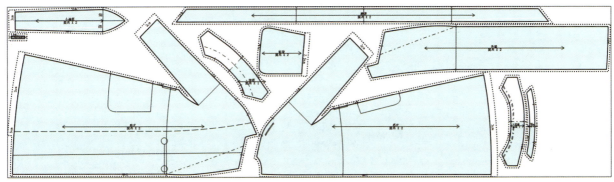

图8-2-9

任务3：连身袖呢大衣3D效果展示步骤

（一）导入版片

第一步：导入版片文件

执行【文件】—【导入】 ![icon] —【导入DXF】命令。将连身袖呢大衣版片导入制图软件中，并按照图8-2-10的形式将版片进行摆放。

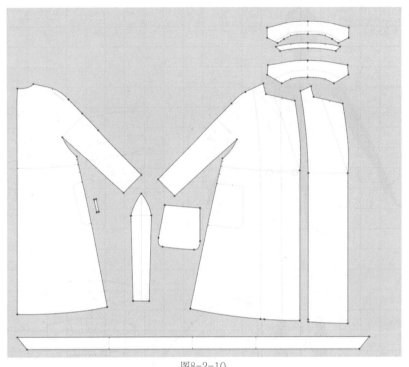

图8-2-10

第二步：整理2D窗口版片

根据款式要求，整理连身袖呢大衣版片。按住【Shift键】选择挂面、前片、后片、袖底插片、贴袋版片，右击选择【克隆对称版片（版片和缝纫线）】，生成对称的联动版片（图8-2-11）。（备注：分别选择需要生成的对称版片后，按住快捷键"Ctrl+D"也可以生成对称的联动版片。）

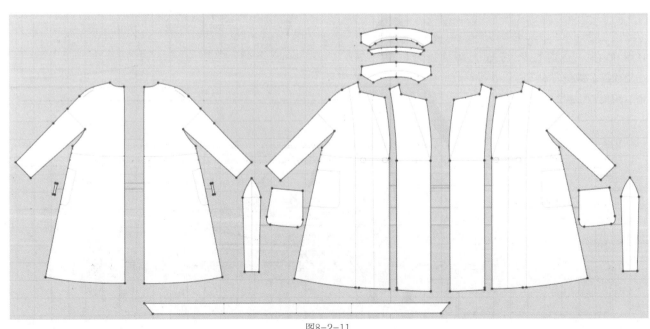

图8-2-11

（二）连身袖呢大衣建模

第一步：安排版片

在3D窗口中，点击【模特】 ![icon] —【安排点】 ![icon]，打开模特安排点，按照版片在人体的位置，分别选择模特上对应的点，完成连身袖呢大衣所有版片的安排，将版片的里外层次摆放好（图8-2-12）。（注意为了防止腰部以下版片穿模，需要选中前片和后片下部版片，在【属性编辑视窗】将安排位置的"间距"数值进行相应的调整。）

第二步：版片假缝

点击【开始】—【线缝纫】 ![icon] /【自由缝纫】 ![icon] 工具，按照款式的结构关系，在2D窗口或者3D窗口，依次点击后中缝、挂面与前片、连袖袖中缝、袖底缝与袖插片底缝、贴袋与前片袋位、前后侧缝、领口弧线与领底弧线进行假缝（图8-2-13、图8-2-14）。（注意袖底插片根据弧线的长度区分前后片，注意三角插片位置的倒顺关系。腰带先进行"隐藏"，门襟缝合类型为"合缝"。）

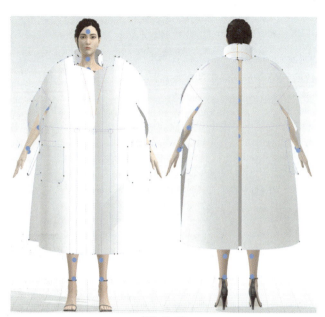

图8-2-12

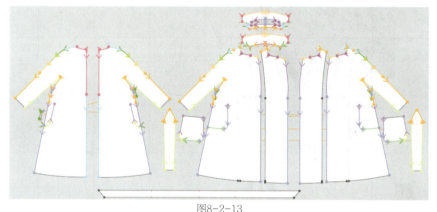

图8-2-13

第三步：模拟

将连身袖呢大衣所有版片选择后，右键点击【硬化】，按空格键，开始模拟。模拟过程中可以拉拽面料，使衣身保持平衡（图8-2-15）。

图8-2-14

图8-2-15

第四步：细节处理

1. 在2D窗口，点击【开始】—【折叠安排】▣工具，将领子翻折线进行翻折，翻完以后，用【开始】—【编辑版片】▢工具选中挂面和前衣片翻折线，然后在【属性编辑视窗】调整"折叠强度"和"折叠角度"的数值，使领子圆顺、服帖的翻转在衣片上（图8-2-16）。

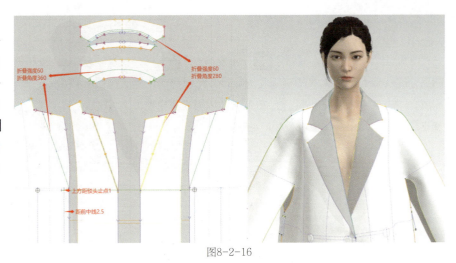

图8-2-16

2. 在2D窗口，右键腰带，选择"显示3D版片"，将腰带显示出来，并放置在腰部合适的位置，在【属性编辑视窗】将间距调整为70（图8-2-17）。

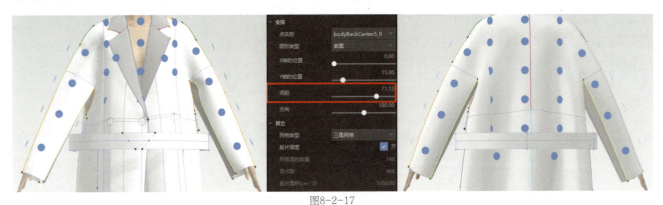

图8-2-17

3. 点击【开始】—【线缝纫】▦/【自由缝纫】▦工具，将腰襻与衣片腰襻位置的上下进行缝合，将腰带的层次设置为1，腰襻的层次设置为2。然后选择【开始】—【固定针】🖉将腰带与后中、侧缝对应的位置进行固定（图8-2-18、图8-2-19）。

4. 系腰带：选择【开始】—【固定针】🖉工具，先固定两侧，将两边的腰带打结，然后将打结位置和腰带尾端进行固定，调整腰带的松紧，不断反复固定，反复调整，直至调整出想要的效果（图8-2-20）。

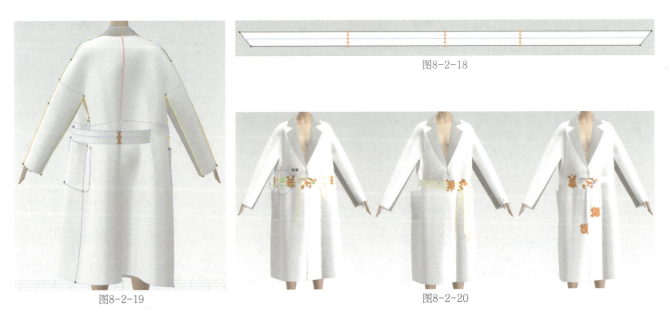

图8-2-18

图8-2-19

图8-2-20

5.呢料厚度表现：用【开始】—【编辑版片】□工具，在版片的结构线上右键，选择"生成等距内部线"，共生成3条间距为0.2cm的间距线（图8-2-21）。

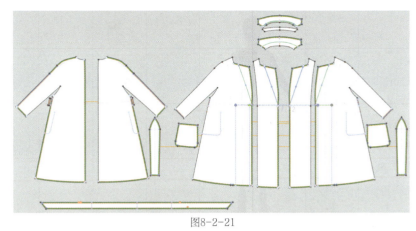

图8-2-21

6.呢料厚度加强：在各个版片上，用【编辑版片】□工具，选择添加的3条内部线，靠版片内的设置"折叠角度"为120°，靠外的2条线设置"折叠角度"为240°（图8-2-22）。

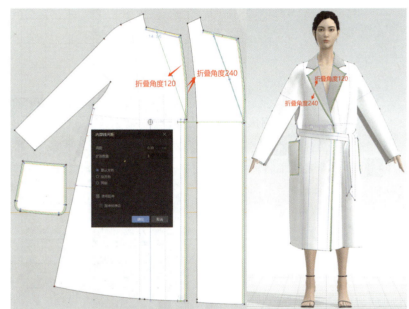

图8-2-22

7.呢料厚度效果：呢料厚度效果显示如图8-2-23。

图8-2-23

第五步：全套模拟

调整好人体姿态、平衡好服装关系后，在3D窗口选择【颜色】 ，将硬化和粘衬前面的勾取消。然后在2D窗口选择【工具】—【离线渲染】工具，在弹出的界面中，选择多图，并按照前面模块中数值进行相应设置，然后点击直接保存。得到整体模拟图（图8-2-24）。

图8-2-24

（三）数字面料设置

第一步：导入、填充面料

选择【资源库】 【面料/材质】 —"圈圈呢"面料，将其拉至版片上，完成面料填充，同时选择相应的颜色进行填充（图8-2-25）。

图8-2-25

第二步：处理效果

在3D窗口，模拟状态下，结合【固定针】工具，不断用抓手调整前片、后片、腰带的穿着效果（图8-2-26）。

图8-2-26

第三步：绘画内搭

在2D窗口，用【开始】—【笔】 ✐工具，在模特上绘画需要的内搭款式，然后用【编辑版片】□工具选择绘制好的内搭，右键"展平为版片"，并将内搭用"针织_提花布2"面料进行填充（图8-2-27）。

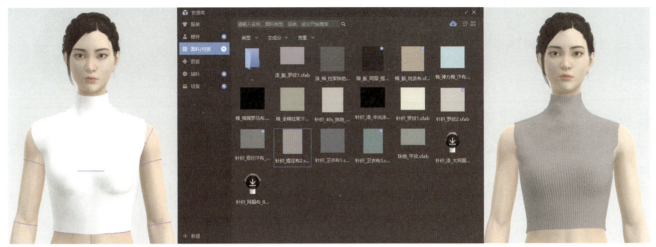

图8-2-27

（四）渲染与展示

选择所有版片，在【属性编辑视窗】中进行颜色、效果的调整，然后将"粒子间距"调整为"8~10"（小的零部件可以将数字调成小于5）。选择【工具】—【离线渲染】 ▶，选择多图形式，弹出【3D快照】，在【图片】中，按照视图中的尺寸进行调整，然后点击【本地渲染】，生成展示图片（图8-2-28）。

图8-2-28

模块九
羽绒服

项目一　长款羽绒服与紧身裤

任务1：长款羽绒服与紧身裤效果图

款式特征概述：

　　此款式为合体羽绒服搭配紧身裤。及膝长款；披肩式双层领；前片左右各设一个贴袋，有袋盖；暗门襟钉纽扣；系腰带；整体采用几何绗线。紧身型裤子；后片育克，左右各一个贴袋。

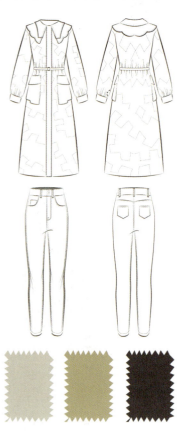

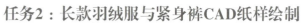

任务2：长款羽绒服与紧身裤CAD纸样绘制

一、长款羽绒服

（一）确定尺寸，制定规格尺寸表

　　分析款式造型要求，以及羽绒充绒特点，根据效果图、款式图确定成衣的长度和围度尺寸，绘制好规格尺寸表（表9-1-1）。

表 9-1-1

部位	衣长	胸围	袖长	袖口
尺寸（厘米）	108	112	58	36/23

（二）绘制前后片

第一步：导入CAD原型衣片

选择【工艺图库】▦工具。在空白处点击左键从储存资源的文件库中调出绘制好的女装原型文件（图9-1-1）。选择【旋转复制】工具，根据款式效果进行省转移，后片肩省转后领口1.27cm，下摆0.5cm，其余放在袖窿做袖窿松量；前片袖窿省转前领口3cm，下摆0.5cm，其余做袖窿松量，根据款式特征调整原型（图9-1-2）。

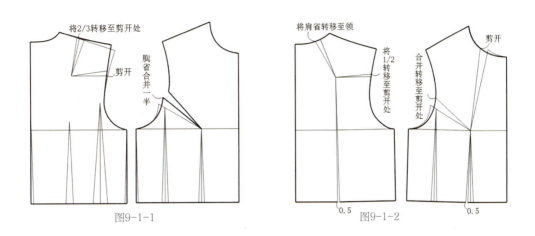

图9-1-1　　　　　　　　　　　　　　　图9-1-2

第二步：完成框架图

选择【智能笔】工具，根据款式将原型肩部、袖窿和前后胸围大进行微调，在袖窿弧线上量取10cm，将胸围放松量的65%放后片，35%放前片。选择【成组复制/移动】工具，根据放松量分配平移。按住【Shift键】右击选定，调整在后原型的基础上需要调整长度的线条——衣长、肩宽、胸围线、下摆线、前后领圈弧线，输入需要调整的长度数据，运用【设置线类型和颜色】工具，【线颜色】选择黑色，【线类型】选虚线，标示处理后的原型（图9-1-3）。

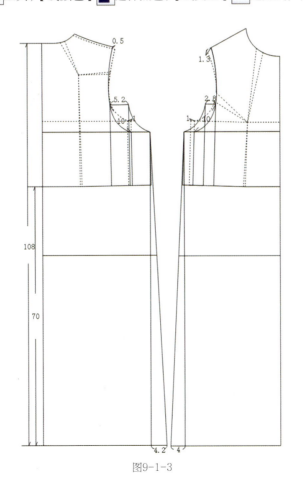

图9-1-3

第三步：完成结构图外轮廓

选择【智能笔】🖊工具，绘制出原型袖子，运用【移动旋转复制】🔄工具，将前后袖分别与前后片对接，根据款式特征，绘制落肩部分。选择【成组复制/移动】🔲工具，将前后片复制出来，选择【旋转复制】🔄工具，将前后衣片调正。选择【调整工具】↖工具，调整好前后片袖窿弧线、前后领圈弧线、下摆弧线。运用【移动旋转复制】🔄工具，调整好前后袖窿弧线、前后领圈弧线的曲度（图9-1-5）。运用【文字】🅃工具，标注好相关数值（图9-1-6）。

第四步：绘制内部结构

选择【智能笔】🖊工具，结合款式图，绘制前中拉链位、绘制前片口袋，绘制后片耳仔位。选择【调整工具】↖工具，调整好袋造型线，运用【设置线类型和颜色】📏工具，【线颜色】🔲选择黑色，【线类型】━选粗实线，标示出前后片外轮廓和部位轮廓（图9-1-7）。

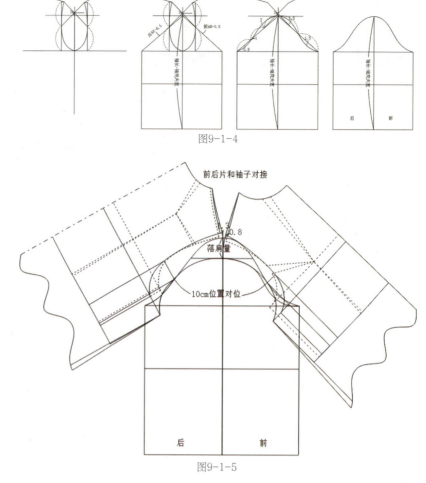

图9-1-4

图9-1-5

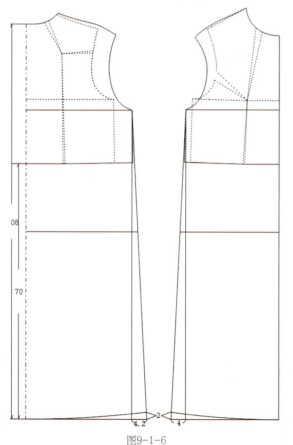

图9-1-6

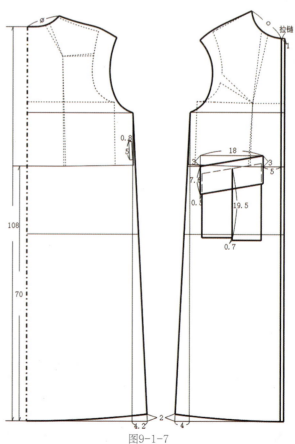

图9-1-7

（三）绘制袖片、零部件

1. 绘制袖片（图9-1-8）

选择【成组复制/移动】工具，将袖片和前后袖窿弧线复制出来，选择【智能笔】工具，根据款式绘制袖山弧线、袖口大。运用【调整工具】工具，调整袖山弧线。选择【长度比较】工具，比较袖窿弧线长度及袖山弧线长度，确认无误后，运用【设置线类型和颜色】工具，【线颜色】选择黑色，【线类型】选粗实线，标示结构轮廓线。

2. 绘制领子

选择【智能笔】工具，在前片根据款式效果绘制翻后效果。选择【长度比较】工具，量取衣片前后领圈弧线长度。选择【智能笔】工具，确定领倾斜度、翻领高、领座高，绘制出领子。根据款式效果绘制领角。运用【调整工具】工具，调整领底弧线和领口弧线。选择【成组复制/移动】工具，将领子从衣片上复制出来并分开。运用【展开/去除余量】工具，将领角和翻领分别展开。选择【智能笔】工具，画顺调整后领弧线。

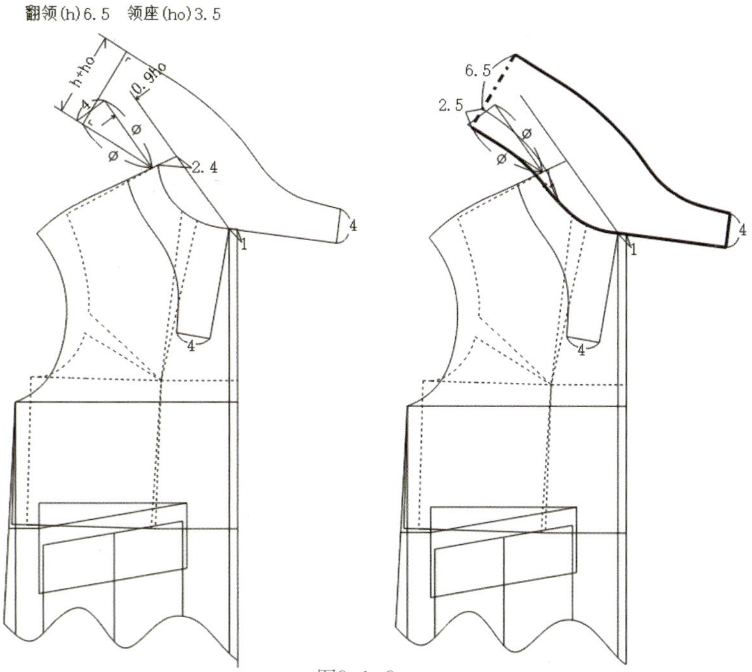

3. 绘制花瓣领（图9-1-9）

运用【移动旋转复制】工具，将前后片在肩缝处拼合。运用【智能笔】工具，画出领圈平行线，为花瓣领领圈。根据款式图及效果图绘制花瓣弧度及大小。运用【调整工具】工具，调整花瓣弧线。

4. 绘制其他零部件（图9-1-10）

运用【智能笔】工具，参考袖口长度画好袖克夫，根据款式效果和前片的长度绘制前片拉链牌，绘制前片里襟，绘制腰带。选择【成组复制/移动】工具，从前衣片上将口袋结构移动复制出来。

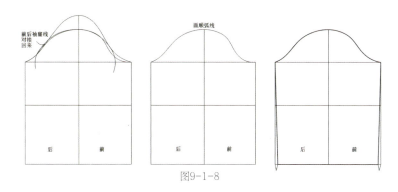

图9-1-8

翻领(h)6.5　领座(ho)3.5

图9-1-9

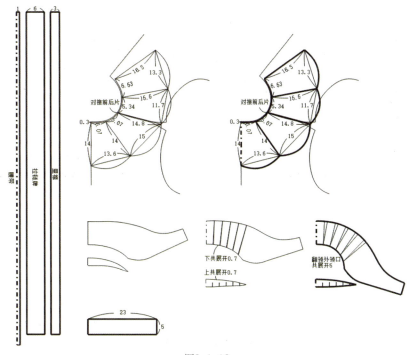

图9-1-10

215

（四）结构图排版

选择【成组复制/移动】 ⬚ 工具，将各结构图复制并移动，排好完整结构图版面。运用【智能笔】 ✐ 工具，绘制绗线。运用【布纹线】 🗇 工具，标示好各部件纱向，并用【文字】 T 工具，标注好相关结构图信息（图9-1-11）。

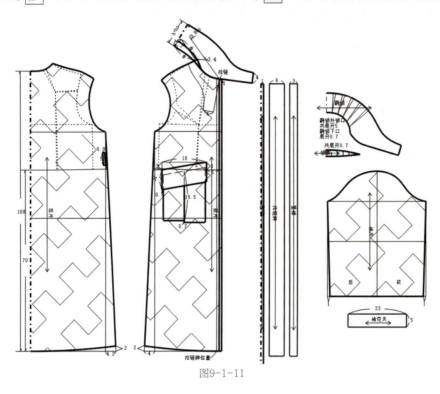

图9-1-11

（五）裁片排料

选择【剪刀】 ✂ 工具，按结构图裁剪样版，并识别出内部结构线。运用【布纹线】 🗇 工具，确定各部件纱向，做好纸样信息。运用【剪口】 ✂ 工具，做好衣身、领袖等关键位置对刀位。在排料时要做到节约用料（图9-1-12）。

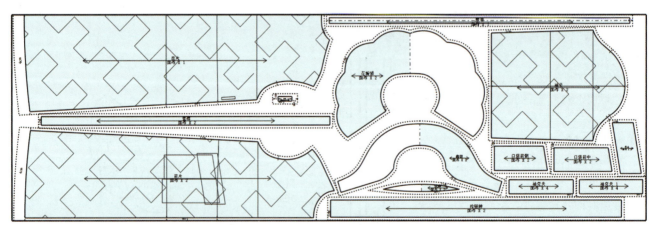

图9-1-12

二、紧身裤

（一）确定尺寸，制定规格尺寸表

分析款式造型要求，根据款式图确定裤子的长度和围度尺寸，整理绘制好规格尺寸表（表9-1-2）。

表 9-1-2

部位	裤长	腰围	臀围	前裆深	脚口
尺寸（厘米）	104	76	96	27.5	29

（二）绘制前后片

第一步：完成框架图

选择【智能笔】工具，定好裤长、中裆、腰围、臀围前后裆宽等尺寸。运用【等分规】工具，画好前后裤中线。

第二步：完成结构图外轮廓

运用【调整工具】工具，调整前后裆线，前后侧缝、下裆缝弧线。运用【文字】工具，标注好相关数值（图9-1-13）。

第三步：绘制内部结构

选择【智能笔】工具，结合款式效果绘制门襟，定后片育克位置、后片袋位及袋型，运用【插入省/褶】工具，绘制后腰省。选择【成组复制/移动】工具，将后裤子育克复制并移动，运用选择【旋转复制】工具，将腰省合并，再选择【调整工具】工具，将育克弧线调顺。运用【设置线类型和颜色】工具，【线颜色】选择黑色，【线类型】选粗实线，标示出外轮廓和部位轮廓（图9-1-14）。

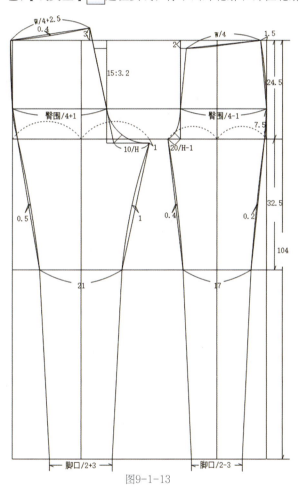

图9-1-13

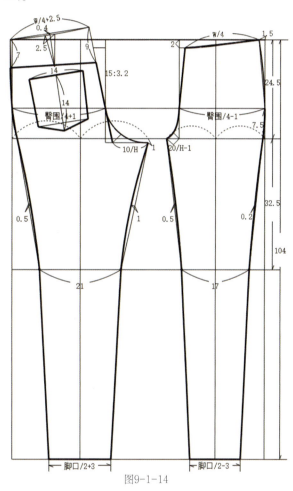

图9-1-14

（三）绘制零部件

运用【智能笔】工具，参考腰围尺寸绘制腰头，里襟。运用【圆弧】工具，按下【Shift键】鼠标变成圆的标志后画出腰头纽扣。选择【成组复制/移动】工具，从前裤片上将门襟、从后裤片将后贴袋移动复制出来（图9-1-15）。

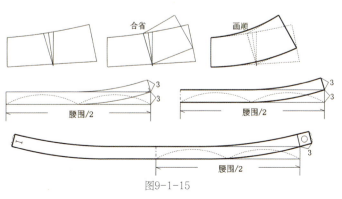

图9-1-15

（四）结构图排版

选择【成组复制/移动】 工具，将各结构图复制并移动，排好完整结构图版面。运用【布纹线】工具，标示好各部件纱向，并用【文字】 工具，标注好相关结构图信息（图9-1-16）。

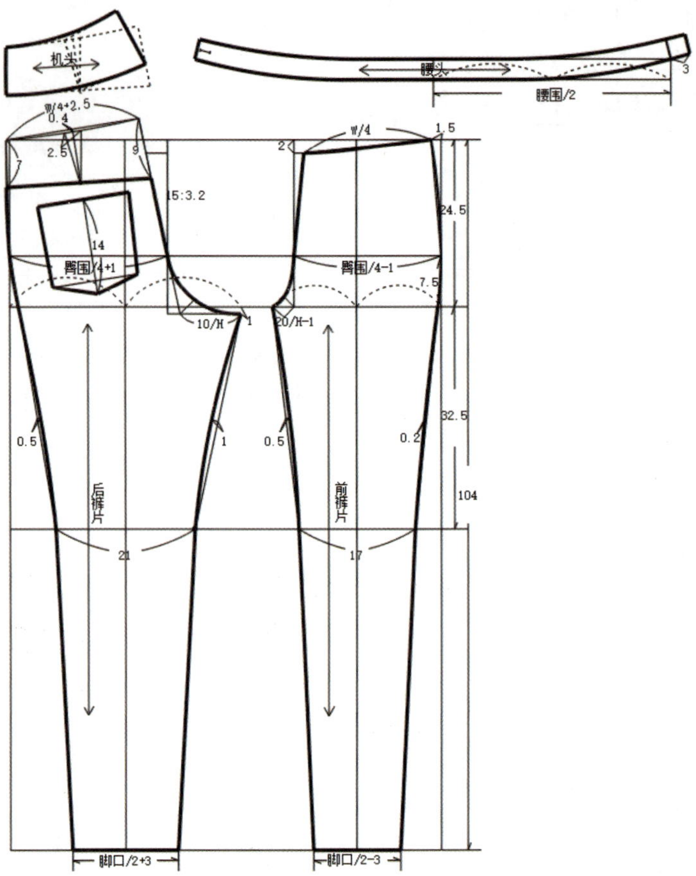

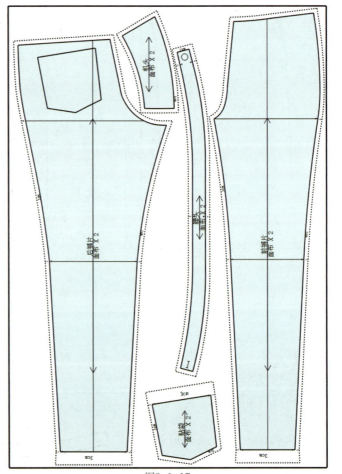

图9-1-16

（五）裁片排料

选择【剪刀】 工具，按结构图裁剪样版，并识别出内部结构线。运用【布纹线】 工具，确定各部件纱向，填写好纸样信息。运用【剪口】 工具，做好袋位、前后裤片等关键位置对刀位。在排料时要做到节约用料（图9-1-17）。

图9-1-17

任务3：长款羽绒服与紧身裤3D效果展示步骤

（一）导入版片

第一步：导入版片文件

执行【文件】—【导入】—【导入DXF】命令。将长款羽绒服版片导入平面制图软件中。

第二步：整理2D窗口版片

1. 根据款式要求，整理长款羽绒服版片。执行【编辑版片】■命令，选择后中心线、领中心线，右击选择【边缘对称】命令，生成版片另一半。

2. 执行【选择】命令，按住【Shift键】选择长款羽绒服前片、袖子、口袋，紧身裤前片、后片（包括育克）、腰头。右击选择【克隆对称版片（版片和缝纫线）】。生成缺失的衣片及裤片。

3. 按照2D窗口中模特摆放位置，将所有版片，排列好位置。在3D窗口，右键点击选择"按照2D位置重置版片"，将3D窗口中的版片也进行相应的位置调整和摆放（图9-1-18）。

图9-1-18

（二）长款羽绒服建模

第一步：安排版片

在3D窗口中，点击【模特】■—【安排点】■打开模特安排点，按照版片在人体的位置，分别选择模特上对应的点，依次完成长款羽绒服版片的安排（图9-1-19）。（注意口袋要安排在衣片的外面，避免模拟时穿模。）

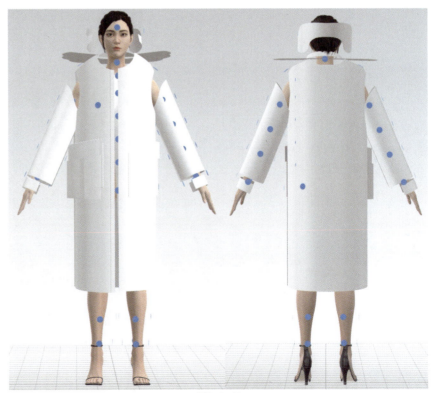

图9-1-19

第二步：版片假缝

1.点击【勾勒轮廓】 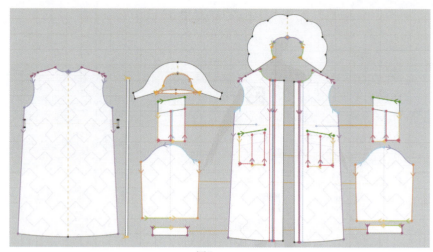 工具，按住【Shift键】依次点击长款羽绒服内部线、衣片口袋位，右击选择【勾勒为内部线/图形】。

2.在菜单栏中，点击【开始】—【线缝纫】 /【自由缝纫】 工具，在2D窗口或者3D窗口，按照款式的结构关系，依次点击假缝位置，将前片、后片、袖子、袖克夫、圆形趴领、翻领、口袋、口袋盖进行假缝（图9-1-20、图9-1-21）。

图9-1-20

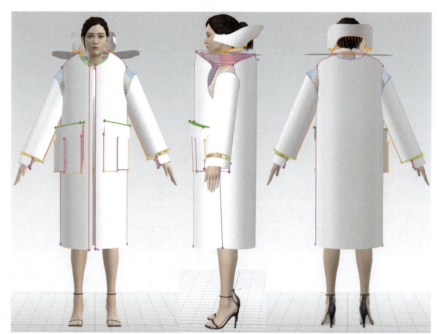

图9-1-21

第三步：初步模拟与调整

选择缝合好的长款羽绒服版片，右键点击【硬化】，按空格键，开始模拟。模拟过程中可以拉拽面料，使衣身保持平衡（图9-1-22）。

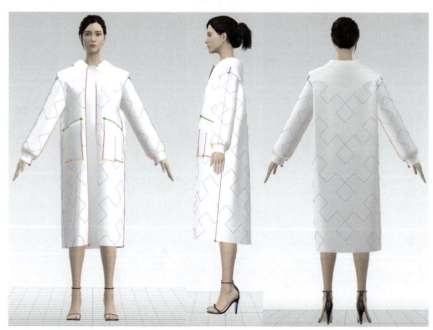

图9-1-22

第四步：工艺细节处理

1.门襟拉链的工艺处理：选择【素材】—【拉链】，点击右片门襟拉链起点到拉链终点，双击结束。再点击另一侧衣片门襟拉链起点到拉链终点。双击结束（图9-1-23）。

2.腰节系带工艺处理：根据腰节系带工艺结构特点，将系带放置在耳袢的里面。设置系带与耳袢、面料之间的层次关系。如衣片在层0，系带在层1，耳袢在层2，最后模拟。在模拟的同时，将系带的长度缩率降低，边模拟边降低（图9-1-24、图9-1-25）。

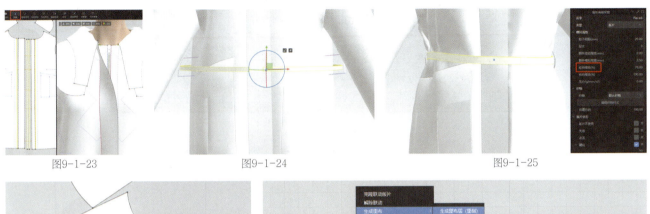

图9-1-23　　　　　　　　　　　　　图9-1-24　　　　　　　　　　　　　图9-1-25

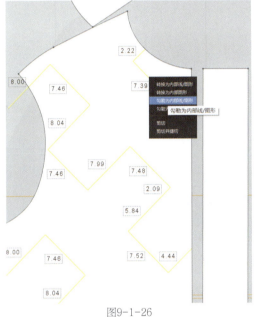

图9-1-26

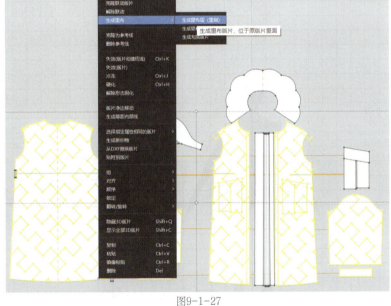

图9-1-27

3.生成长款羽绒服绗缝线：根据长款羽绒服的特点，用【勾勒轮廓】工具，按住【Shift键】依次点长款羽绒服的绗缝线，右击选择【勾勒为内部线/图形】（图9-1-26）。

4.生成羽绒服里布：用【选择】工具选择羽绒服的前片、后片、袖子、口袋，右击选择【生成里布】【生成里布层（里侧）】，所有绗缝线会默认缝合好，模拟（图9-1-27、图9-1-28）。

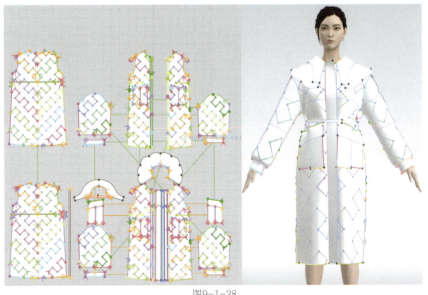

图9-1-28

设置充绒效果：执行【选择】命令，按住【Shift键】选择前片、后排片、袖子，点击属性编辑视窗中的【模拟属性】【压力】。调整数值为：1~5，选择对应的里布版片，将数值调整为负值。模拟，观察面料充绒效果，可以做适当数据调整（图9-1-29、图9-1-30）。

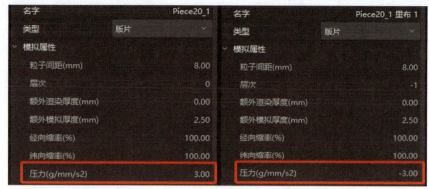

图9-1-29

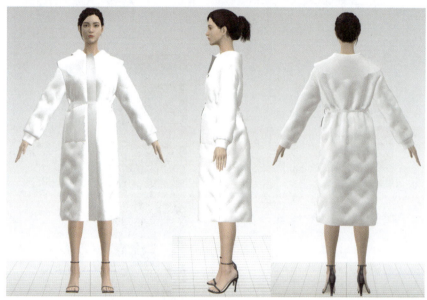

图9-1-30

（三）紧身裤建模

第一步：安排版片

在3D窗口中，点击【模特】 —【安排点】 ，打开模特安排点，点击2D窗口中紧身裤版片，点击3D窗口中模特位置安排点。按照规律依次安排完成紧身裤所有版片的安排（图9-1-31）。

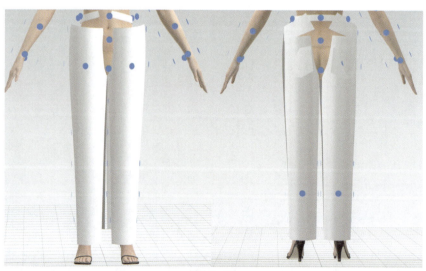

图9-1-31

第二步：版片假缝

1.在菜单栏中，点击【开始】—【线缝纫】 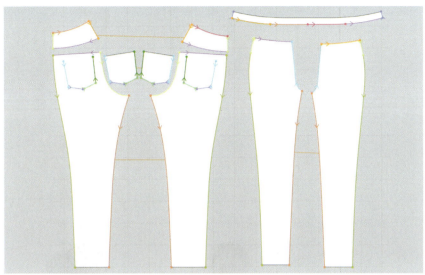/【自由缝纫】 工具，在2D窗口或者3D窗口，按照款式的缝纫关系，依次点击假缝位置，将前片、后片、腰头、口袋进行假缝（图9-1-32、图9-1-33）。

图9-1-32

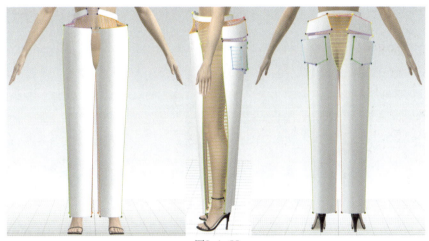

图9-1-33

第三步：初步模拟与调整

所有版片选择后，右键点击【硬化】，按空格键，开始模拟。模拟过程中可以拉拽版片，做细节调整（图9-1-34）。

第四步：工艺细节处理

图9-1-34

裤脚底边处理：参考前面任务处理裤脚边（图9-1-35、图9-1-36）。

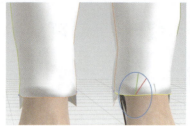

图9-1-35

图9-1-36

第五步：全套模拟

在紧身裤模拟好的情况下，设置层次为-1层，并将它【冷冻】，将长款羽绒服显示所有版片，设置层次为1层。并【解冻】，按空格键模拟，使羽绒服在紧身裤外面。模拟好后，将紧身裤解冻，再次模拟。模拟时更改人体姿势，可以根据款式特点更改发型与鞋子（图9-1-37）。

图9-1-37

（四）数字面料设置

第一步：面料设置

1. 面料选择（图9-1-38）

方法一：扫描好需要的面料，并确定名称，如：长款薄羽绒服面料1、长款薄羽绒服面料2、长款薄羽绒服里料、裤子面料。添加到场景视窗中【当前】【织物】▨中。

方法二：选择【资源库】▣【面料/材质】▨，挑选长款羽绒服与紧身裤面料。双击添加面料到场景视窗中。

图9-1-38

2. 填充面料（图9-1-39）

（1）在2D窗口或者3D窗口，选择所有羽绒服面料1版片，点击"长款薄羽绒服面布1"右击【应用到选中版片】。

（2）用同样的方法，完成其他面料与里料填充。

（3）在【面料属性编辑器】，添加扫描面料的法线贴图，使面料具有层次感。模拟，观察填充面料的效果。可以在【属性编辑器】调整面料属性。（参考模块一面料属性调节。）

图9-1-39

第二步：辅料设置

1. 拉链：根据长款羽绒服的风格，设置拉链相应的数值。【选择】工具，点击拉链，在【属性编辑视窗】中，将布带的宽度、长度、厚度进行设置。然后点击【编辑拉链样式】，选择合适的拉齿、拉带、拉头、拉片、拉止。因为是长款，在拉链的选择上，设置双头拉链。在【属性编辑视窗】中将【双头拉链】打开（图9-1-40）。

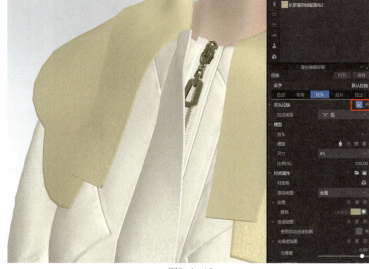

图9-1-40

2. 扣子：在【资源库】中选择四合扣，双击添加到附件。利用吸附功能，将四合扣放置在合适的位置。根据长款羽绒服特点，在【属性编辑视窗】中编辑四合扣数据，如尺寸、材质。在【纹理】中更改扣子纹理及颜色（图9-1-41、图9-1-42）。

图9-1-41　　　　　　　　图9-1-42

3.日字扣：在资源库中找到合适的日字扣添加到附件中，按照前期工装款式设置日字扣的方法，将日字扣吸附在腰间绳带上，用坐标轴，调整位置。根据长款羽绒服特点，在属性编辑视窗中编辑日字扣数据，如渲染类型"金属"。在【纹理】中更改纹理颜色（图9-1-43、图9-1-44））。

4.明线：点击【素材】—【线段明线】 ▬▬/【自由明线】 〰 工具，点击默认明线，在属性编辑视窗中，设置明线的数据，可设置0和0.5的明线，在2D窗口或者3D窗口，按照款式的结构关系，依次点击需要设置明线的位置：领子、门襟、绗缝线、口袋（图9-1-45）。

5.线褶皱：在绗缝线上做线段褶皱，使明线更逼真。点击【素材】—【线褶皱】 〰/【自由褶皱】 〰 工具，点击默认褶皱，在【属性编辑视窗】中设置褶皱的数据，模拟时，在3D窗口观察实时效果，调整数据（图9-1-46）。

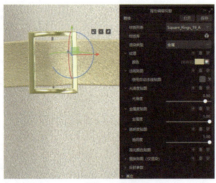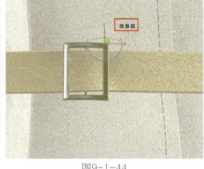

图9-1-43　　　　　　　　　　　　　　图9-1-44

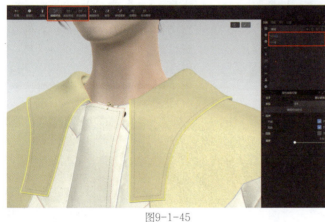

图9-1-45　　　　　　　　　　　　　　图9-1-46

（五）渲染与展示

选择所有版片，在【属性编辑视窗】中进行颜色、效果的调整，然后将"粒子间距"调整为"8~10"（小的零部件可以将数字调成小于5）。选择【工具】—【离线渲染】 ▶，选择多图形式，弹出【3D快照】，在【图片】中，按照视图中的尺寸进行调整，然后点击【本地渲染】，生成展示图片（图9-1-47）。

图9-1-47

项目二　短款厚羽绒服与哈伦裤

任务1：短款厚羽绒服与哈伦裤效果图

款式特征概述：

　　此款式为合体羽绒服搭配哈伦裤。长度至臀厚羽绒服；插肩长袖，袖口装罗纹；立式帽领，领外口拼毛领；前片左右各1个贴袋；暗门襟装拉链，系腰带；整体横向绗线。上松下紧裤子，无侧缝，腰口收省，并设一斜向分割，借缝设插袋；装橡筋腰头。

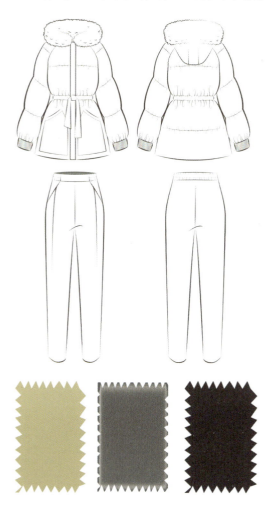

任务2：短款厚羽绒服与哈伦裤CAD纸样绘制

一、短款厚羽绒服

（一）确定尺寸，制定规格尺寸表

　　分析款式造型要求，以及羽绒充绒特点，根据效果图、款式图确定成衣的长度和围度尺寸，绘制好规格尺寸表（表9-2-1）。

表 9-2-1

部位	衣长	胸围	袖长	袖口
尺寸（厘米）	74	108	58	34/21

（二）绘制前后片

第一步：导入CAD原型衣片

选择【工艺图库】 ![icon] 工具。在空白处点击左键从储存资源的文件库中调出绘制好的女装原型文件（图9-2-1）。选择【旋转复制】 ![icon] 工具，根据款式效果进行省转移，后片肩省转后领口0.8cm，下摆0.5cm松量，其余放在袖窿做袖窿松量；前片袖窿省转1/3到前领口，下摆0.5cm松量，其余做袖窿松量，根据款式特征调整原型（图9-2-2）。

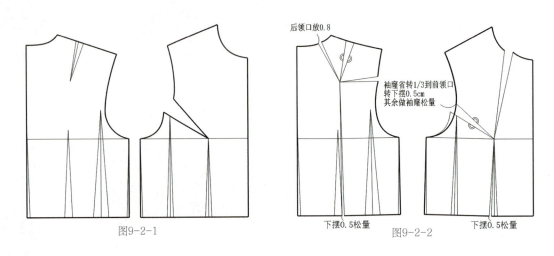

图9-2-1　　　　图9-2-2

后领口放0.8

袖窿省转1/3到前领口
转下摆0.5cm
其余做袖窿松量

下摆0.5松量　　　下摆0.5松量

第二步：完成框架图

选择【智能笔】 ![icon] 工具，按住【Shift键】右击选定在原型的基础上需要调整长度的线条——衣长、肩宽、胸围线、下摆线、前后领圈弧线，输入需要调整的长度数；根据款式图绘制插肩分割位。运用【设置线类型和颜色】 ![icon] 工具，【线颜色】 ![icon] 选择黑色，【线类型】 ![icon] 选虚线，标示处理后的原型（图9-2-3）。

第三步：完成结构图外轮廓

选择【调整工具】 ![icon] 工具，调整好前后片袖窿弧线、前后领圈弧线、下摆弧线。运用【移动旋转复制】 ![icon] 工具，调整好前后袖窿弧线、前后领圈弧线的曲度。选择【智能笔】 ![icon] 工具，结合款式图，画出前后插肩分割位弧线；选择【调整工具】 ![icon] 工具，调整好插肩分割弧线。运用【设置线类型和颜色】 ![icon] 工具，【线颜色】 ![icon] 选择黑色，选择【线类型】 ![icon] 选虚线，标示插肩部分。运用【文字】 ![icon] 工具，标注好相关数值（图9-2-4）。

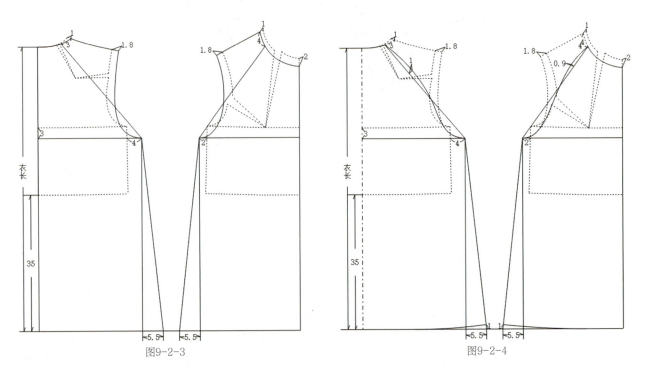

图9-2-3　　　　图9-2-4

第四步：绘制内部结构

选择【智能笔】✐工具，结合款式图，绘制前中拉链位、绘制前片口袋，绘制前后、片腰带位。选择【调整工具】➤工具，调整好袋造型线，运用【设置线类型和颜色】▤工具，【线颜色】■选择黑色，【线类型】▬选虚线，标示插肩部分（图9-2-5）。

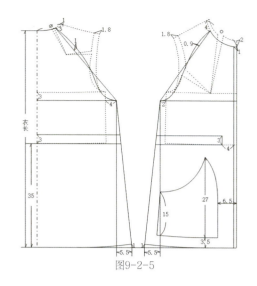

图9-2-5

（三）绘制袖片、零部件

1. 绘制袖片（图9-2-6）

选择【智能笔】✐工具，按住【Shift键】右击选定前、后肩线在肩端点延长1cm，选择【三角板】◣工具，绘制肩线延长线的垂线，做出前、后袖斜度参考三角形。选择【智能笔】✐工具，根据袖长绘制袖中线，插肩部分弧线。选择【三角板】◣工具，绘制袖口大。运用【智能笔】✐工具，绘制袖底线并将袖中线肩部弧线画顺。

选择【长度比较】✎工具，比较前、后袖中长及袖底线长度，确认无误后，运用【设置线类型和颜色】▤工具，【线颜色】■选择黑色，【线类型】▬选粗实线，标示前、后袖片结构轮廓线。（备注：【三角板】◣工具，也可以用【智能笔】✐工具，【Shift键】+左键，在线的端点拖拉。）

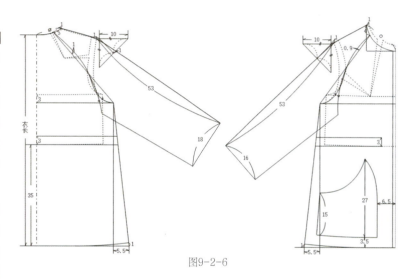

图9-2-6

2. 绘制领片（图9-2-7）

选择【长度比较】✎工具，量取衣片前后领圈弧线长度。运用【智能笔】✐工具，确定领高度、领长度、领子起翘度。选择【三角板】◣工具，从领子起翘位做垂线绘制前领高。运用【智能笔】✐工具，绘制领口弧线。运用【调整工具】➤工具，调整领底弧线和领口弧线，完成领片结构设计。

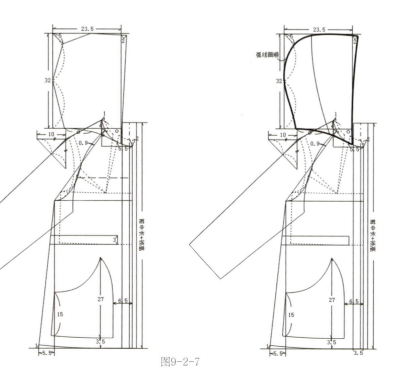

图9-2-7

3.绘制帽子（图9-2-7）

运用【智能笔】 工具，根据款式图及效果图绘制帽子起点、帽子高度、帽子宽度。选择【长度比较】 工具，量取衣片前后领圈弧线长度，运用【智能笔】 工具，从前口位置三分之一处绘制帽底弧线，绘制帽口弧线，帽中弧线及帽子毛领。运用【调整工具】 工具，调整帽中弧线、帽底弧线、毛领弧线。运用【设置线类型和颜色】 工具，【线颜色】 选择黑色，【线类型】 选粗实线，标示出前后片外轮廓和部位轮廓（图9-2-8）。

4.绘制其他零部件

运用【智能笔】 工具，参考袖口长度画好袖克夫，根据款式效果和前片的长度绘制前片拉链牌，绘制前片里襟，绘制腰带。选择【成组复制/移动】 工具，从前衣片上将口袋造型及腰带固定条移动复制出来（图9-2-9）。

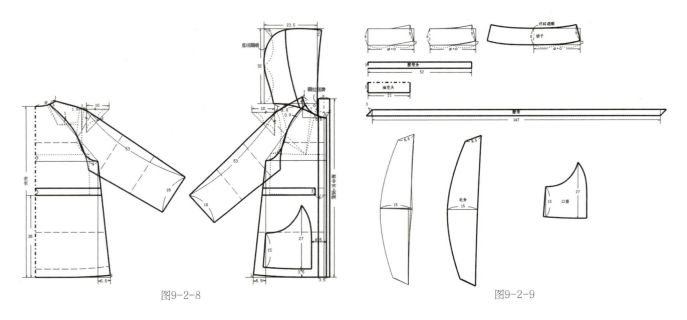

图9-2-8   图9-2-9

（四）结构图排版

选择【成组复制/移动】 工具，将各结构图复制并移动，排好完整结构图版面。运用【布纹线】 工具，标示好各部件纱向；并用【文字】 工具，标注好相关结构图信息（图9-2-10）。

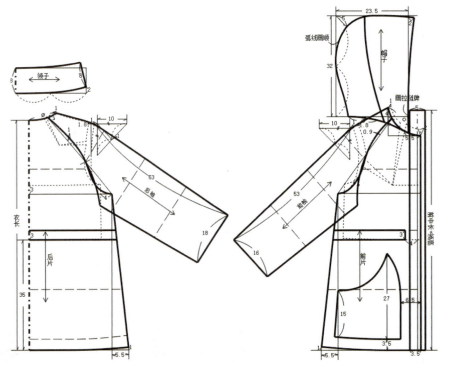

图9-2-10

（五）裁片排料

选择【剪刀】![剪刀]工具，按结构图裁剪样版，并识别出内部结构线。运用【布纹线】![布纹线]工具，确定各部件纱向，做好纸样信息。运用【剪口】![剪口]工具，做好衣身、领袖等关键位置对刀位。在排料时要做到节约用料（图9-2-11）。

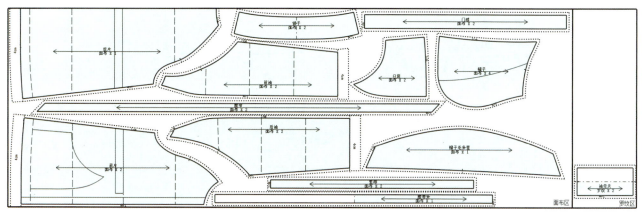

图9-2-11

二、哈伦裤

（一）确定尺寸，制定规格尺寸表

分析款式造型要求，根据款式图确定裤子的长度和围度尺寸，整理绘制好规格尺寸表（表9-2-2）。

表 9-2-2

部位	裤长	腰围	臀围	前裆深	脚口
尺寸（厘米）	103	68	94	27	28.5

（二）绘制前后片

第一步：完成框架图（图9-2-12）

选择【智能笔】![智能笔]工具，定好裤长、中裆、腰围、臀围前后裆宽等尺寸。运用【等分规】![等分规]工具，画好前后裤中线。

第二步：完成结构图外轮廓（图9-2-13）

运用【调整工具】![调整工具]工具，调整前后裆线、前后侧缝、下裆缝弧线。运用【文字】![文字]工具，标注好相关数值。

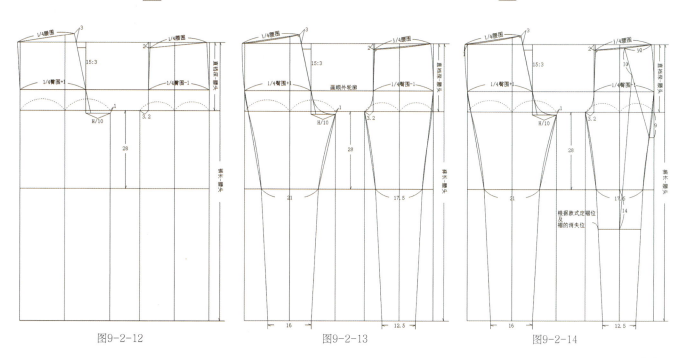

图9-2-12   图9-2-13   图9-2-14

第三步：绘制内部结构

选择【智能笔】✍工具，结合款式图进行前裤片侧缝位结构分割、定褶位（图9-2-14）。选择【成组复制/移动】
▣▣工具，将前裤片侧缝位结构、前裤片上半部分、前裤片下半部分单独复制；选择【旋转复制】✍工具，将褶位根
据款式图量展开，再选择【对称复制】◭工具，将褶结构完善。选择【成组复制/移动】▣▣工具及【旋转复制】✍工
具，将前裤片侧缝位结构合并在增加褶后的前裤片上、将前裤片上半部分及下半部分拼合（图9-2-15）。将前后裤片侧
缝在臀围和脚口相拼，做成款式图上无侧缝结构。运用【调整工具】➤工具，调整腰线、下裆缝及脚口。选择【智能
笔】✍工具，根据款式图定口袋位置、画好袋布（图9-2-16、图9-2-17）。

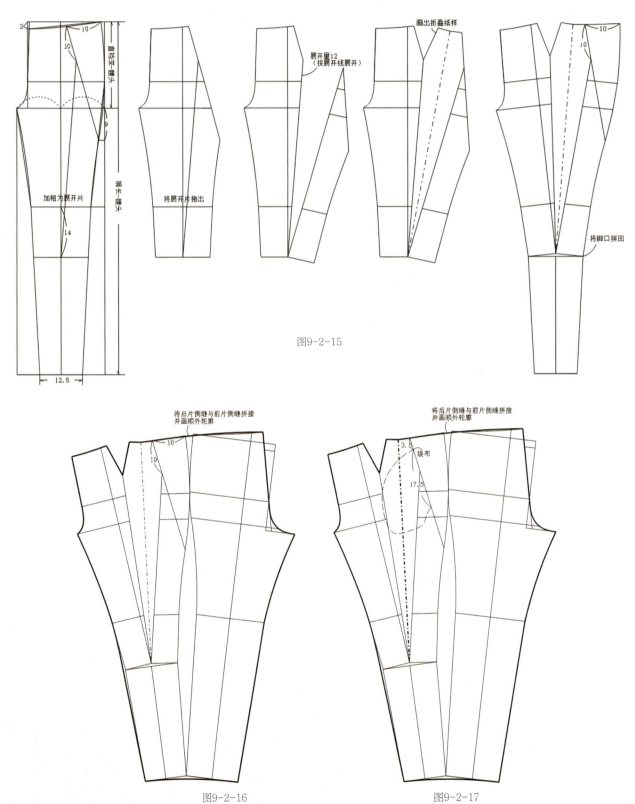

图9-2-15

图9-2-16　　　　　　　　　图9-2-17

（三）结构图排版

选择【成组复制/移动】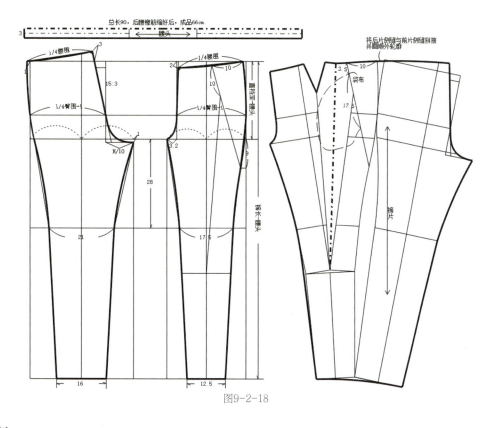工具，将各结构图复制并移动，排好完整结构图版面。运用【布纹线】工具，标示好各部件纱向，并用【文字】工具，标注好相关结构图信息（图9-2-18）。

图9-2-18

（四）裁片排料

选择【剪刀】工具，按结构图裁剪样版，并识别出内部结构线。运用【布纹线】工具，确定各部件纱向，填写好纸样信息。运用【剪口】工具，做好关键位置对刀位。在排料时要做到节约用料（图9-2-19）。

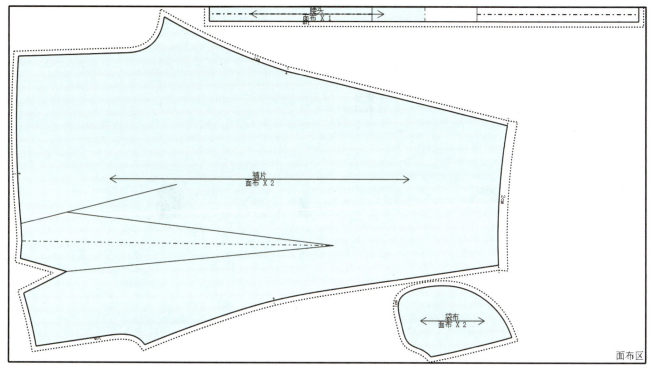

图9-2-19

任务3：短款厚羽绒服与哈伦裤3D效果展示步骤

（一）导入版片

第一步：导入版片文件

执行【文件】—【导入】⟶—【导入DXF】命令，将短款厚羽绒服与哈伦裤版片导入平面制图软件中。

第二步：整理2D窗口版片（图9-2-20）

1.根据款式要求，整理短款厚羽绒服与哈伦裤版片。执行【编辑版片】□命令，选择后中心线，右击选择【边缘对称】命令，生成版片另一半。

2.执行【选择】命令，按住【Shift键】选择前片、袖子、袖克夫、裤片、口袋，右击选择【克隆对称版片（版片和缝纫线）】。生成缺失的衣片及裤片。

3.按照2D窗口中模特摆放位置，将所有版片排列好位置。在3D窗口，右键选择【按照2D位置重置版片】，将3D窗口中的版片也进行相应的位置调整和摆放。

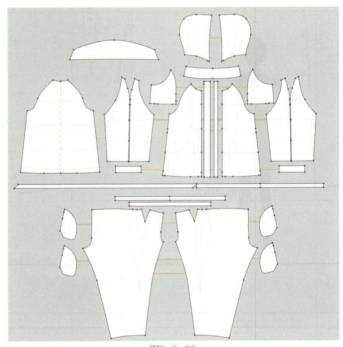

图9-2-20

（二）短款厚羽绒服建模

第一步：安排版片

在3D窗口中，点击【模特】👤—【安排点】👥，打开模特安排点，按照版片在人体的位置，分别选择模特上对应的点，依次完成短款厚羽绒服版片的安排（图9-2-21）。（注意口袋、腰节部件要安排在衣片的外面，避免模拟时穿模。）

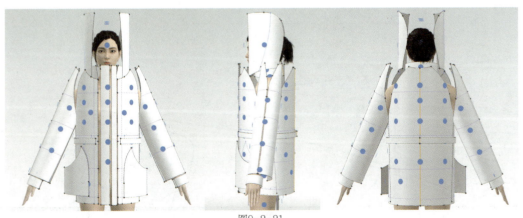

图9-2-21

第二步：版片假缝

1.点击【勾勒轮廓】 工具，按住【Shift键】依次点短款厚羽绒服零部件内部线、衣片口袋位，右击选择【勾勒为内部线/图形】。

2.在菜单栏中，点击【开始】—【线缝纫】 /【自由缝纫】 工具，在2D窗口或者3D窗口，按照款式的结构关系，依次点击假缝位置，将前片、后片、袖子、袖克夫、领子、帽子、口袋、腰带进行假缝（图9-2-22、图9-2-23）。（注意也可先将口袋、腰带的版片状态调整为【失效】，初步模拟后再调整回去。）

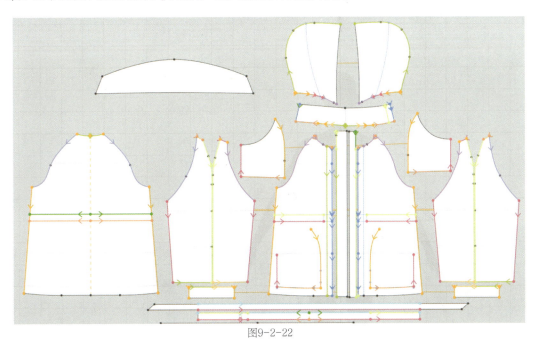

图9-2-22

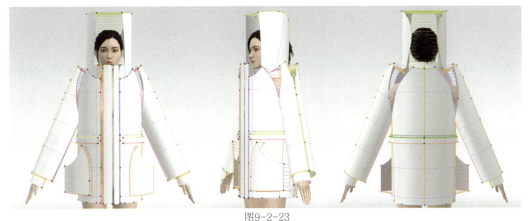

图9-2-23

第三步：初步模拟与调整

1.将短款厚羽绒服缝合好的版片选择后，右键点击【硬化】，按空格键，开始模拟。模拟过程中可以拉拽面料，使衣身保持平衡（图9-2-24）。（注意因帽子跟头发在模拟时会发生穿模现象，所以在模拟前，可以将头发换成"无发型戴帽子用"。）

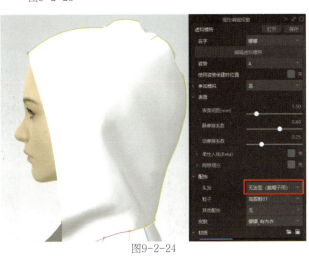

图9-2-24

2.将毛领版片利用安排点工具，安排在帽子的外面，并按照对应的位置缝合好。再次整体模拟（图9-2-25、图9-2-26）。

图9-2-25   图9-2-26

第四步：工艺细节处理

1.门襟拉链的工艺处理：选择【素材】—【拉链】![icon]，点击领子拉链起点到前片的拉链终点，双击结束。再点击另一侧的领子拉链起点到前片的拉链终点。双击结束（图9-2-27）。

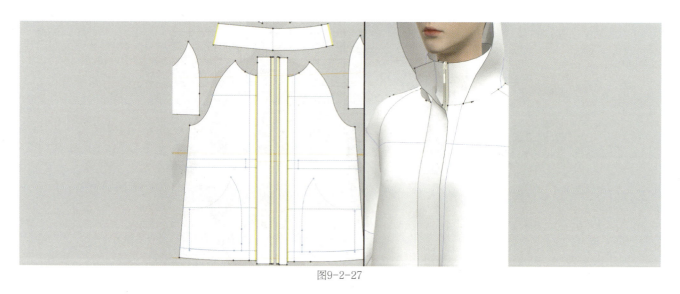

图9-2-27

2.腰带工艺处理：根据腰带的工艺结构特点，将长的腰带跟腰带分割片缝合起来，并且设置腰带与腰带分割片的层次关系。腰带在层1，腰带分割在层2，用来包裹腰带。最后模拟，前中处，腰带从腰带分割片的下面露出（图9-2-28）。

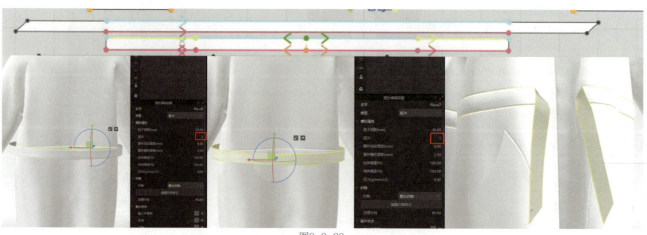

图9-2-28

3.生成羽绒服绗缝线：根据羽绒服绗线特点，用【勾勒轮廓】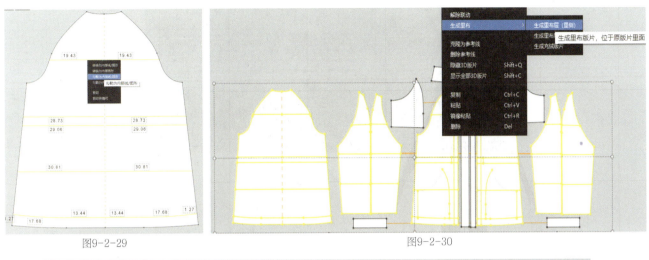工具，按住【Shift键】依次点短款厚羽绒服的绗缝线，右击选择【勾勒为内部线/图形】（图9-2-29）。

4.生成羽绒服里布：用【选择】工具选择羽绒服的前片、后片、袖子、口袋，右击选择【生成里布】【生成里布层（里侧）】，所有绗缝线会默认缝合好（图9-2-30、图9-2-31）。

图9-2-29

图9-2-30

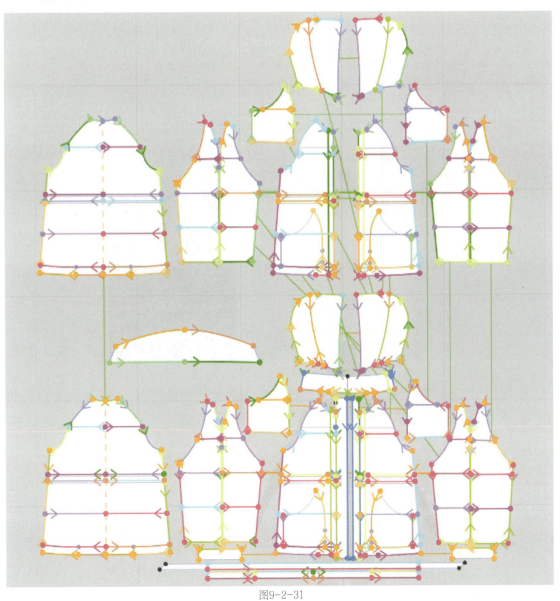

图9-2-31

5.设置充绒效果：执行【选择】命令，按住【Shift键】选择前片、后排片、袖子，点击属性编辑视窗中的【模拟属性】【压力】。调整数值为5，选择对应的里布版片，将数值调整为–5。模拟，观察面料充绒效果，可以做适当数据调整（图9-2-32、图9-2-33）。

图9-2-32

图9-2-33

6.腰带抽褶效果：用【编辑版片】 工具，选择腰带线，在【属性编辑视窗】中，打开弹性，将比例调小，可以一边模拟一边观察腰带收缩的效果。参考数值为72（图9-2-34、图9-2-35）。

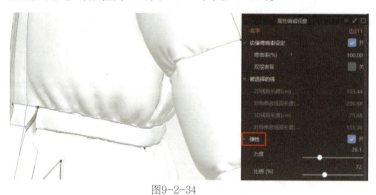

图9-2-34

图9-2-35

（三）哈伦裤建模

第一步：安排版片

在3D窗口中，点击【模特】 👤 —【安排点】 👤 ，打开模特安排点，点击2D窗口中哈伦裤版片，点击3D窗口中模特位置安排点。按照规律依次完成哈伦裤所有版片的安排（图9-2-36）。

图9-2-36

第二步：版片假缝

1.在菜单栏中，点击【开始】—【线缝纫】 ▥ /【自由缝纫】 ▥ 工具，在2D窗口或者3D窗口，按照款式的缝纫关系，依次点击假缝位置，将前片、后片、腰头、口袋进行假缝（图9-2-37、图9-2-38）。

用【编辑版片】 ▢ 工具，选择裤片的褶线，在【属性编辑视窗】中分别将折叠角度依次设置为0°，360°，180°（图9-2-39）。

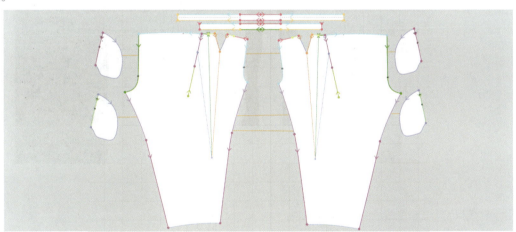

图9-2-37

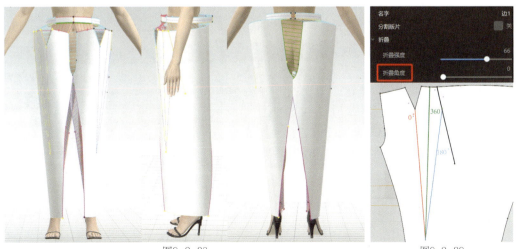

图9-2-38   图9-2-39

第三步：初步模拟与调整

所有版片选择后，右键点击【硬化】，按空格键，开始模拟。模拟过程中可以拉搜版片，做细节调整（图9-2-40）。

第四步：工艺细节处理

1.口袋的工艺处理：在前片上右键单击【隐藏版片】，将哈伦裤的两片袋布分别设置层数为-1、-2。在模拟状态下将袋布调整平顺（图9-2-41）。

2.腰头松紧：点击腰头松紧版片，填充默认面料，在【面料属性编辑视窗】里，将面料的物理属性调节成"松紧带"。更改所有版片粒子间距（图9-2-42）。

图9-2-40

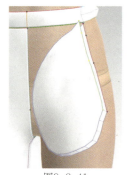

图9-2-41

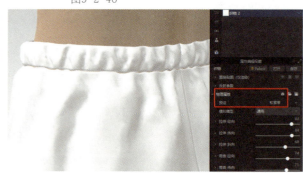

图9-2-42

第五步：全套模拟

在哈伦裤模拟好的情况下，设置层次为-1层，并将它【冷冻】，将短款羽绒服显示所有版片，设置层次为1层。并【解冻】，按空格键模拟，使羽绒服在哈伦裤外面。模拟好后，将哈伦裤解冻，再次模拟。模拟时更改人体姿势，可以根据款式特点更改发型与鞋子（图9-2-43）。

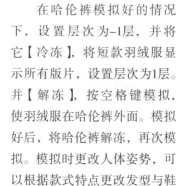

图9-2-43

（四）数字面料设置

第一步：面料设置

1. 面料选择（图9-2-44）

方法一：扫描好需要的面料，并确定名称，如羽绒服面料、羽绒服罗纹、裤子面料、羽绒服里料。添加到场景视窗中【当前】【织物】 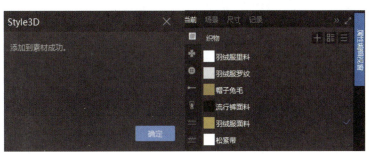 中。

方法二：选择【资源库】 【面料/材质】 ，挑选短款厚羽绒服与哈伦裤面料。双击添加面料到场景视窗中。

图9-2-44

2. 填充面料（图9-2-45）

（1）在2D窗口或者3D窗口，选择所有短款羽绒服面料版片，点击"羽绒服面料"并右击【应用到选中版片】。

（2）用同样的方法，完成里料、帽子、裤子的填充。

（3）在面料属性编辑器，添加扫描面料的法线贴图，使面料具有层次感。模拟，观察填充面料的效果。可以在属性编辑器调整面料属性。

图9-2-45

1.拉链：根据短款厚羽绒服套装的风格，设置拉链相应的数值。【选择】工具，点击拉链，在【属性编辑视窗】中，将布带的宽度、长度、厚度进行设置。然后点击【编辑拉链样式】，选择合适的拉齿、拉带、拉头、拉片、拉止（图9-2-46）。

2.扣子：选择四合扣，根据短款厚羽绒服与哈伦裤款式特点，在属性编辑视窗中编辑四合扣数据，如尺寸、材质。在【纹理】中更改扣子纹理及颜色（图9-2-47）。

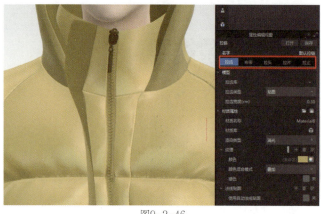

图9-2-46

图9-2-47

3.明线：点击【素材】—【线段明线】/【自由明线】工具，点击默认明线，在属性编辑视窗中，设置明线的数据，可设置0和0.5的明线，在2D窗口或者3D窗口，按照款式的结构关系，依次点击需要设置明线的位置：腰带、绗缝线、口袋（图9-2-48）。

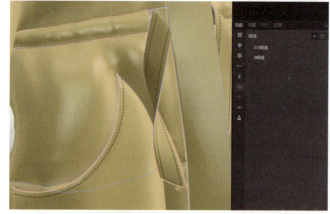

图9-2-48

（五）渲染与展示

选择所有版片，在【属性编辑视窗】中进行颜色、效果的调整，然后将"粒子间距"调整为"8~10"（小的零部件可以将数字调成小于5）。选择【工具】—【离线渲染】，选择多图形式，弹出【3D快照】，在【图片】中，按照尺寸进行调整，然后点击【本地渲染】，生成展示图片（图9-2-49）。

图9-2-49